超越 STUDIO
SUPER 设计课

建筑设计修炼手册

——写给普通建筑学专业学生的设计书

张军杰／著

机械工业出版社
CHINA MACHINE PRESS

学习建筑设计的难点主要在于缺乏有效的设计方法、评价标准模糊和教学的难以言传等几方面，这造成学生对设计的理解一直处于懵懂之中。本书打破传统的教学模式，从认识设计出发，通过将写作与设计进行对比，梳理出更易理解的三阶段设计法，不仅使学生能快速认识和理解设计的过程、方法和评价标准，还通过大量案例分析总结了设计各个过程的经验做法和具体操作层面要求，能帮助学生更准确、深刻地把握设计的本质，从而能轻松开始设计。

图书在版编目（CIP）数据

建筑设计修炼手册：写给普通建筑学专业学生的设计书/张军杰著.
—北京：机械工业出版社，2018.9
（超越设计课）
ISBN 978-7-111-60717-5

Ⅰ.①建… Ⅱ.①张… Ⅲ.①建筑设计—高等学校—教材 Ⅳ.①TU2

中国版本图书馆CIP数据核字（2018）第192431号

机械工业出版社（北京市百万庄大街22号　邮政编码100037）
策划编辑：赵　荣　责任编辑：赵　荣　范秋涛
责任校对：肖　琳　封面设计：鞠　杨
责任印制：常天培
北京联兴盛业印刷股份有限公司印刷
2019年1月第1版第1次印刷
169mm×239mm·14.25印张·2插页·218千字
标准书号：ISBN 978-7-111-60717-5
定价：69.00元

序

　　初学建筑学专业的学生碰到的第一个坎就是不知道如何开始设计？

　　这是困扰很多学生、也是老师们时常思考的问题，这个问题没有共识，也几乎没有答案。作为一个长期从事建筑教育，并主要教低年级建筑设计课的老师，我深有体会。这一方面反映了"设计"的学问所特有的感性与理性、艺术与技术相互交融的特征，就设计思维方式来看也是一种非线性的、动态的表达。这绝不像其他学科问题，其目标与解决方法、路径具有清晰的逻辑关系。另外，方案所诠释的建筑设计目标，没有非对即错的判断标准，而设计方案之目标也就不具唯一性。况且抛开设计者水平不说，方案中蕴含了太多的关于设计者价值观与认识论、社会阅历与艺术修养等的信息，所以说，对于方案的评判"公说公有理婆说婆有理"就不足为怪，反映在建筑设计教学过程中便是"说不清、道不明"，我们只好用师傅带徒弟的方法让学生去"悟"。悟来悟去，对于一部分学生便成了"误人子弟"。

　　难道真没有"授之以渔"的方法吗？其实，许多老师一直在不断努力探索和总结，也有不少成果，其目的无非是寻找一种较为清晰又易于理解的设计方法，使学生了解设计思维的基本规律、把握设计生成的形态过程、预判由此及彼的结果取舍、掌握设计评判的价值标准，以及如何迈向成为一名合格的建筑师的正确路径。军杰老师便是众多探索者中的一位，他首先是一位优秀的设计师，有着丰富的设计实践经验，同时，他长期从事建筑设计教学，有长期的专业教学思考和经验积累，关键他是一位勤于思考的学者。他针对当前设计教学存在的问题和学生的困惑，提出了一些关于设计思维、设计规律和设计方法的独到见解。有趣的是将设计与写作进行类比，提出了设计的三阶段构成和相应的要求，不仅使学生能快速认识和理解设计的过程、方法和评价标准，还通过大量案例分析总结了设计各个过程的经验做法和具体操作层面要求，能帮助学生更准确、更深刻地把握设计的本质。

在本书的具体内容构成安排上，作者从认识设计、理解设计、开始设计、形成设计及应具备的能力顺序展开。一是使学生明晰方案设计的过程就像写作一样是由虚到实的过程。既有的学习经验告诉我们：熟悉知识的原理和形成过程能加快对知识的掌握。而建筑方案设计的长周期性、无限多路径可能性及非唯一结果特征使方案设计不是单一的线性推导过程，这就使设计变得难以琢磨和理解。所以作者以学生熟悉的写作方法、过程和标准作为参考样本，通过分析比较其异同点，使学生对建筑设计过程和学习方法的认知逐渐变得清晰；二是使学生明确方案的评价标准是什么？虽然建筑设计没有标准答案，但方案的好坏需要一定的标准判定。尤其是在方案结果多样性的情况下，如何客观、公平评价不同角度的成果而不带过多主观性因素就更显重要。作者在充分考虑了建筑设计的特点及其他艺术形式的区别后，提出"情理之中，意料之外"的评价标准，它们分别体现了设计的共性和个性。"情理之中"是设计的基本要求，代表了方案的合理性和逻辑性；而"意料之外"则是设计的核心，是设计的特色和亮点，代表了方案的品质和层次；三是使学生明白这种由虚到实的过程需要强大的转化能力支持。这种转化能力可以认为是学生应该具备的基本功，主要包括从理念到成果表达需要的技术基础（功能、结构、构造、材料等）和美学基础（形式、空间、平面组织、表现等）。这些能力或素质的强弱才是推动方案发展、完善的内在动力，而能否获得这种能力的关键则在于自身的"修炼"。此种能力可以说能使学生满足建筑师的职业标准，但要想成为一个优秀的设计师，仅仅具备上述能力还远远不够，还应树立长远的奋斗目标，并培养充分的专业自信和兴趣。因为建筑学作为一个理想型专业，需要学生具有梦想和耐心长久的坚持。

该书的价值与可读性，在于摒弃了过去那种灌输、说教的叙述方式，而是从一个刚入门的学子角度，基于对设计的渴求与困惑的现实，执子之手以循序渐进、触类旁通的方式将其引入设计的胜境，体验设计的乐趣，而非痛苦，这一点对于初入门者尤为重要。写作是个非常辛苦的差事，特别是在当前的环境下还能够沉下心来关注教学更属不易，它需要付出艰辛的劳动，耐得住寂寞和时间的煎熬。希望这本倾注了作者心血的书，能为那些在专业学习过程中彷徨、迷茫的同学带来实实在在的引导和启发，也使他们少走一些弯路。

目

录

第 3 章
开始设计——
设计调研

2.2 对设计过程的理解 025

2.2.1 和写作的比较 025

2.2.2 建筑设计的三阶段过程 026

2.2.3 设计各阶段对学生的能力要求 029

2.3 设计方案的评价标准——情理之中，意料之外 030

2.3.1 情理之中 031

2.3.2 意料之外 032

2.3.3 两者的关系 032

3.1 调研目的及原则 034

3.1.1 当前问题 034

3.1.2 调研目的 035

3.1.3 调研原则 035

3.1.4 调研过程 036

3.2 调研的内容及方法 037

3.2.1 调研内容 037

3.2.2 调研方法 040

3.3 调研材料的梳理、分析 043

3.4 建立与设计的联系 047

3.4.1 确定设计的关键问题 047

3.4.2 什么是关键问题 048

3.4.3 关键问题的作用 049

3.4.4 如何找关键问题 049

第 2 章
理解设计——
设计的方法、过程
与评价标准

第 1 章
认识设计

序

1.1 建筑学专业性质及特点 002
1.1.1 专业概念 002
1.1.2 专业特点 003
1.1.3 专业教与学方面的困境 005

1.2 学生方面存在的问题 007
1.2.1 基础的缺失 007
1.2.2 方法的难以掌握 008
1.2.3 对设计过程及评价标准的认识模糊 011
1.2.4 投入少 011

1.3 学习方式 013
1.3.1 树立目标并坚持 012
1.3.2 建立自信和兴趣 012
1.3.3 明确设计的评价标准 013
1.3.4 练习、练习、再练习 013

2.1 建筑设计的方法及过程 020
2.1.1 "分析—综合—评价"方法 020
2.1.2 "模式语言"方法 021
2.1.3 "猜想—验证"方法 022
2.1.4 当前建筑设计的一般过程 023

第 6 章
设计理念转化的美
学基础

5.3　设计成果汇报 147
5.3.1　充分做好前期准备 147
5.3.2　主要方式 148
5.3.3　注意事项 149

6.1　版面设计 152
6.1.1　存在的问题 152
6.1.2　基本原则要求 152
6.1.3　具体操作 153

6.2　总平面设计 157
6.2.1　注重与环境的整体协调、统一 157
6.2.2　注重总体布局的合理性 158
6.2.3　注重环境层次和氛围塑造 159

6.3　平面设计 160
6.3.1　平面的基本内容构成 160
6.3.2　平面设计的评价原则 160
6.3.3　平面设计的指导原则 161
6.3.4　平面设计的组合操作 162
6.3.5　交通空间设置的原则 169

6.4　重点空间塑造 175
6.4.1　基本原则 178
6.4.2　主要手法 179

6.5　造型设计 181
6.5.1　造型设计的基本原则 183
6.5.2　造型的生成方式 184
6.5.3　造型的具体操作 187
......188

第 5 章
设计理念转化
的技术基础

第 4 章
形成设计——
设计理念的来源
及生成

4.1 理念的产生 052

4.1.1 关键是能否提出巧妙的问题解决策略 052

4.1.2 判定解决策略巧妙的原则 053

4.2 设计理念的来源及生成分析 057

4.2.1 常规角度切入 057

4.2.2 非常规角度切入 058

4.3 设计理念的呈现类型 083

4.3.1 理念的具象化呈现 083

4.3.2 理念的抽象化呈现 089

4.4 设计理念生成的训练 089

4.4.1 多参考、借鉴优秀案例 090

4.4.2 多从逆向角度思考 091

4.4.3 多从其他专业学科角度思考 091

5.1 基本识图、制图 091

5.1.1 地形图识别与规划控制线 092

5.1.2 制图方面 092

5.1.3 其他制图问题 092

5.2 基本技术常识 094

5.2.1 建筑设计常识 094

5.2.2 结构常识 094

5.2.3 消防设计常识 098

5.2.4 构造常识 110

5.2.5 材料常识 111

x

附录

附录一　建筑设计资源介绍　198

A　相关网站　198
　A.1　导航类网站　198
　A.2　国外经典建筑类网站　199
　A.3　国内经典建筑类网站　200
　A.4　其他设计资源类网站　201

B　相关期刊　202
　B.1　国外期刊　202
　B.2　国内期刊　203

C　相关书籍　204
　C.1　国外书籍　204
　C.2　国内书籍　206
　C.3　其他类型书籍　207

D　微信公众号　208

附录二　理念转化案例分析　209

参考文献　215
后记　216

第 1 章

认识设计

建筑学作为热门了几十年的专业，一直受到家长和学生的追捧，国内开办建筑学专业的学校也从原来的几十所扩大到了几百所。但建筑学专业的特殊性质、特点及难以言传和入门的教学特征，加上一直存在的师资问题，造成培养质量难以尽如人意。

1.1

建筑学专业性质及特点

1.1.1 专业概念

国际建筑师协会将建筑学定义为："建筑学是一门创造人类生活环境的综合的艺术和科学。"显然，上述概念已经充分反映了建筑学专业的特征：即艺术性、科学性和综合性。也就是说其既有严谨而又理性的科学特性，又有开放而感性的艺术性质，还要满足实际建造的复杂技术要求。这种特殊的综合性对大多数人来说是难以逾越的鸿沟，甚至使很多学生产生了较强的挫折感，因为他们几乎都是以全校最高分进入本专业学习的。

1.1.2　专业特点

1. 专业要求高，综合性强

（1）受外界影响因素多　建筑设计和其他类型设计相比，受外界因素的影响更大。其他艺术门类的艺术家可以不考虑外界因素而完全根据自己的喜好进行创作，作品需要的投入也比较少，因此他们可以充分实现自己的想法。但影响建筑设计的因素则多而繁杂，它们都能关乎设计的成败，像管理、技术、经济、法规等方面，且这些因素还是建筑师无法掌控和绕过的，这必然给设计创作带来很多制约（图1-1）。

（2）长期的创新意识要求　建筑设计的艺术性特点决定了它不是一个一劳永逸的专业，设计方向的无穷尽也使设计过程变得没有终点，它需要设计师长期保持一种对设计的热情和执着。同时社会和技术的快速发展也使专业内容一直处于较快的更新状态，这些持续性的变化都需要建筑师随时更新自己的知识储备。

（3）综合能力要求高　建筑师一方面要面对同行竞争和方案短时间内多轮修改、调整，同时还要对设计过程中很多不可预见的矛盾和变故及时

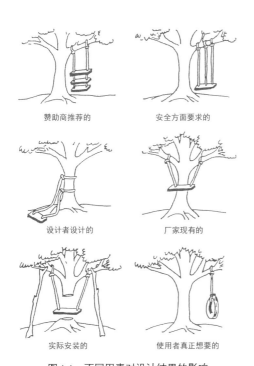

赞助商推荐的　　　　安全方面要求的

设计者设计的　　　　厂家现有的

实际安装的　　　　使用者真正想要的

图 1-1　不同因素对设计结果的影响

协调解决。例如权衡甲方要求和自己的想法；与不同管理部门沟通；与其他专业工种不断协调等。众多问题都需要建筑师判断取舍并提出解决方案，而能否顺利解决则完全取决于其经验和协调控制能力的强弱。

2.结果不唯一，评判标准不明确

（1）结果的非唯一性和不明确性 设计类学科和其他理工类学科相比一个非常重要的区别就是问题结果的非唯一性。同时设计结果也没有正确与错误之说，最多有好与不好之分，且很多时候又是各有优缺点而非常难以比较优劣。

例如水杯和建筑有一定的类似性：都具有容纳功能，都有美学设计要求。即使每个杯子的设计容量相同，但最后的形式却千差万别。这种结果的多样性建立在不同的设计出发点上，都能满足使用要求，最多是适合的环境、使用者和使用的感受不同，所以很难判定谁好谁差（图1-2）。但这种结果的非唯一性和不明确性却会使很多学生无所适从。

（2）结果的难以复制性 建筑设计的另外一个特点是结果的难以复制性。与其他类型设计相比，它们设计定型一个产品，就可以批量生产，但建筑设计不然，每个产品几乎都是唯一的，每个方案都需要重新思考。因此，这种订制式设计要求建筑师一直保持旺盛的创作热情和动力。

（3）结果评判的难以客观性 由于方案评判不像体育比赛一样具有明确、客观的裁定标准，这样必然面临评判的主观性问题。每个评判者的欣赏角度、水

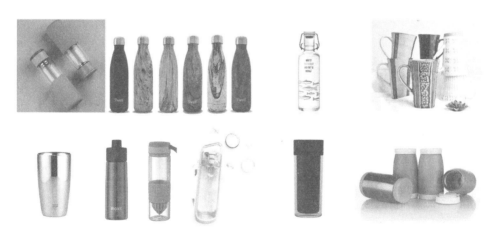

图1-2 哪个设计更好

平的不同都会直接影响评判结果。例如前述的水杯，女士、男士、年轻人和儿童都会各有所爱，而建筑更是如此，同时还融合了公共话语、资本介入、权力象征和人情因素，更使评判难以客观、公平（图1-3）。

这种评判特征必然使设计竞争充满了残酷、无奈和悲情色彩，即使是功成名就的大师也一样面临经常性的失败，就像安藤忠雄在《连败连战》里描述的那样。

3. 思考方式的特殊

建筑设计思考方式是典型的形象思维和逻辑思维的综合统一，甚至很多想法是瞬间闪现，而且某种程度上，无法言说的感性思维有时又起着决定作用，这和高中阶段完全逻辑推导性的思考方式截然不同。同时建筑设计又缺乏明确且易操作的设计方法、评价目标和清晰的逻辑演进过程。这些特殊要求都使刚接触专业的学生极不习惯。

1.1.3　专业教与学方面的困境

1. 设计教学的难以言传

对所有艺术来说，艺术可教还是不可教这个问题一直存在。赖特就说过"艺术不可教，只能被熏陶"。原中央美院院长范迪安也认为："这首先取决于学艺术的目的是什么。如果他是想学一门技术，可能真是要教的。如果他要成为艺术大师，光靠学院教又是不够的。艺术知识可以教，艺术实践或者艺术体验不

图1-3　不同对象的需求可能是完全不同的

易教。"

而且，这种难以言传的关键是貌似有很多理性而清晰的设计方法，但任何一种方法都不能帮助学生直接推导出理想的方案，同时每种方法的应用流程也不是固定不变的。所以，目前的教、学过程好像更多是学生自己逐渐顿悟的过程。

2. 课程之间缺乏协同

建筑设计课程是建筑学专业的核心课程，一直贯穿了五年的学习。除此之外，还有一些设计原理、结构、构造、材料等方面的辅助课程，这些课程内容应该是为建筑设计服务，所学知识也应该体现到设计中。但目前的问题是各课程之间几乎没有衔接和关联，并没有起到深化、提升设计方案的作用，造成很多学生的方案设计极不深入，明显缺乏基本的技术常识。

3. 教学内容的落后及欠缺

另外，学校教学内容和社会实际需求之间一直存在脱节问题。尤其是现在社会需求的快速变化和课程内容更新缓慢，更是加大了学校与社会的差距，必然会出现学生既没打好基础又不掌握新知识的尴尬局面。

1.2 学生方面存在的问题

　　虽然学校的整体教育水平也在提高，但和社会越来越高的要求还有较大差距，特别是从用人单位反馈的信息来看，近些年学生的基本素质不仅没有提升，反而有退步趋势。

1.2.1　基础的缺失

　　首先，在专业报考方面，学生不是从个人兴趣出发，而是以就业、收入、地位等作为报考的指南，另外大学之前的学习内容也几乎没有延续，造成大多数学生的专业基础几乎为零。

同时，专业学习又要求学生掌握很多新的知识和技能。例如基本技能方面（包括草图、绘画、模型制作和各种软件等）；基本技术层面（包括建筑设计常识、结构、构造、材料、建筑物理等内容）；基本理论层面（包括建筑历史、设计原理等内容）；基本美学层面（包括形式、空间和平面设计等内容）；还有大量人文、社会、经济、法规方面的内容需要掌握。但如果哪样内容都要从头开始，即使有 5 年在校时间，显然还是远远不够。

1.2.2　方法的难以掌握

多年以来，大多数学生进行专业学习时都会经历一个"困惑"的阶段，也就是如何学习、学好建筑设计？而困惑之后，或者因无奈而颓废，或者放弃思考，或者转向其他，当然也有的能够在挣扎之后豁然开朗。可惜最后一种情况，在本科阶段能达到的并不太多。而问题的核心就是对建筑设计方法、过程和评价标准的不明确。

1. 设计缺乏方法

前面说过，目前建筑设计教学对设计方法、过程等方面的训练尚不明晰，加上学生基础的缺失，造成他们现在碰到的第一个问题就是不知道如何开始设计，也不知道整个设计的过程如何，更不知如何评价一个方案。而原来高中阶段一直训练的较强的逻辑推导方法也不再适用，学习方式也和习惯的灌输式、被动式和统一式做法有很大不同。

另外一个问题是大部分学生的设计不是一个有明确目标和规则指导下的设计，也不是清晰理性、自然而然的生成过程，而是充满了随意性和偶然性。很多做法缺乏道理、依据和针对性，前后成果缺乏层次递进和关联，所有行为之间都比较孤立，这就使设计方案缺乏逻辑和说服力。

2. 设计缺乏好的习惯

建筑设计作为一门需要长期训练的课程，从开始就养成一个良好习惯是非常关键的，这也是目前同学们较为忽视的环节。主要体现在以下几方面：

一是缺乏方案分析比较的习惯。首先整个方案设计阶段是逐渐深化、完善的过程，不可能一开始就有非常成熟、完美的想法，每个方案也会各有优缺点，另外不同时间对任务的理解也会不同，因此同一个人在不同时期会有不同的思路或想法，这就面临比较取舍的问题。但目前学生总是因为一个小问题而轻易否定或放弃一个思路，然后再考虑一个新思路，造成每个思路都是非常浅的思考，无法深入和延续。

二是时间把控的习惯不好。由于学校的课程设计周期相对较长，一般有6~8周，而且是循序渐进的过程，这使学生逐渐形成了前松后紧的习惯：前面松松垮垮，老是完不成进度，后面仓仓促促，很多事情来不及深入，就草草了事。这种极不合理的时间安排，使学生最后几天通宵熬夜赶图成为常态现象（图1-4）。

图1-4　建筑系学生的日常生活

三是不严谨的习惯。主要体现在对设计要求的了解不深入、彻底。设计任务书一般会非常明确写明本设计想要达到什么目的，需要做哪些内容，具体要求如何？但每次都会发现，相当多的同学对任务书不熟悉，甚至连具体的功能要求和指标也不清楚。实际上，任务书某种意义上就是考试试题，没有审好题就做设计显然会有偏差甚至错误，而且会渐渐养成不仔细、严谨的习惯（图1-5）。

图 1-5　任何不严谨都可能带来灾难性的后果

3. 过于注重细节

初学建筑设计的学生还容易出现过于注重细节而对整体性把控较差的状况。很多学生介绍方案时直接说到细节，而很少从整体开始。老师指出方案的主要问题也是一个"乱"字，可能单看某个细节还可以，但组合到一起就缺乏整体性和统一性。

注重细节带来的另外一个问题是不会抓住设计的主要矛盾。任何一个设计都不可能是十全十美，每个方案也都会有毛病和瑕疵，所以就要看是不是抓住了设计的主要问题，也就是说首先在大方向上不能有偏差。

4. 缺乏优秀案例借鉴

很多学生在设计开始时，老师一般都会说要收集、参考一些优秀的案例作为一些借鉴。但对于参考借鉴的态度，有的同学不屑一顾，认为借鉴就是抄袭。有的同学则是对案例的判断能力不足，找的案例不够恰当或过于普通，难以起到借鉴的作用。有的同学虽然找到一些好的案例，但最后借鉴结果和案例差距巨大，同样没达到借鉴的目的。

这些现象都反映了一定的问题，就是对待借鉴这种学习方式的认识。赫伯特·西蒙认为：人们可以从记忆和参考源中汲取新的信息，朝着设计的完成迈出新的一步。他的意思是说没有一个人不学习前人的东西就能完成良好的设计。尤其是学生的积累和经验有限，只能在充分吸收尽量多信息基础上才能逐渐转化为自己的东西，所以在初期能做到原汁原味的体现优秀案例的韵味就已经非常不错了。

1.2.3 对设计过程及评价标准的认识模糊

方案设计作为一个长周期的任务，必然需要一个明晰的设计进程。梳理出一个使学生易于理解的设计步骤，并针对每个阶段提出具体要求是设计易于入门的前提。而目前的教学过程虽然也有大致安排，但各阶段任务不明确并缺乏具体的目标、方法和标准支撑，造成执行过程变得茫然、模糊。

1.2.4 投入少

建筑设计不仅要求设计者有巧妙的构思，还要能把想法较好地体现出来，这就需要有较强的转化能力。而现在的情况是学生前期补专业基础，后期考研、找工作又造成投入时间不足，使本来应是综合设计能力提升的高年级阶段，反而为了考研目的更侧重于小型项目的快题式训练，缺乏相应的深度和综合性，使相当多学生的设计能力不升反降。

1.3
学习方式

1.3.1　树立目标并坚持

目标是个人、部门或整个组织所期望达到的成果。有了目标，做事才有计划性，才更有动力和效率，才能一直激励我们前行。

国内初等教育存在的一个较大问题就是大部分学生的目标过于功利。大学之前的十几年教育，老师、家长及学生的目标非常明确，就是希望学生考上理想的大学，但至于大学以后怎么样，好像根本没有考虑，也不需要考虑。加上大学校园氛围的自由和灵活，使很多学生在大学期间不知道自己的目标是什么，自然失去了努力的方向和动力。

而建筑设计作为一个具有创新性要求的工作，对大多数人来说，都要经历相当长时间的努力才会有所感悟。就像王澍所说："真诚的工作和足够久的坚持一定会有某种结果。"现实情况也是我们只看到别人最后的成功，而没看到别人长时间的付出和坚持。

1.3.2 建立自信和兴趣

信心和兴趣是做好任何事情的前提，而不仅仅是具有天赋。因为只要是涉及艺术方面的学习，几乎每个人都会面临同样的困难，即使大师也不例外。另外建筑学教育的目标是培养职业建筑师而不是培养大师，⊖ 所以，不要轻易否定自己，也不要老是看着别人做得好。每个设计的切入角度不同，都会有自己的优缺点和可取的地方，只要有合理而充分的理由和良好的表达，你的设计就能被别人接受和欣赏，这也是本书最想带给大家的。

1.3.3 明确设计的评价标准

需要明确的是：艺术水平层次划分很难有公认清晰的统一评价标准，即使最简单的设计也是如此。

前面曾经说过：方案没有对错，最多有好与不好之分，而所谓的好也仅是相对而言。但要注意这种"好"一定是能合理解释的"好"，而不是单纯个人感觉的好。这种合理解释对建筑大师来说可能是他们的思想、理论或见解，而对大部分学生来说，现在不可能有自己的理论，追求大师级别标准也明显过于遥远和不切实际，应把有一定难度，但通过努力又可能实现的较高层次的"好"作为未来的追求，关于评价标准在第 2 章会有详细描述。

1.3.4 练习、练习、再练习

任何一门知识的获得，练习都是最基本的学习方式。不管是非艺术类科目的习题练习，还是艺术类科目中的书法描红、绘画临摹和乐器弹奏训练，这都说明知识和技能的掌握需要大量练习和模仿。这种技能不是简单通过看书和老师的传授就能直接获得的（图 1-6）。

建筑设计更是这样，没有一劳永逸的解决之道，也没有固定不变的规律法则，

⊖ 清华大学庄惟敏教授就说过："我们作为老师能教授给学生的，是作为建筑师的职业精神和职业技能。我们教不出大师，大师不是教出来的，但要教出一个合格的职业建筑师，这是我们的职责。"

图1-6　成功的前提就是
勤奋练习

更需要大量的实践训练来逐渐提高设计水平和能力。大家想想大学之前的学习过程，每个同学做了多少习题才掌握了一门课程的内容，就会理解练习的重要性了。

1. 多看

建筑学专业的综合性决定了其学习渠道的多元性，其中多种方式的看或观察是开阔视野和拓宽思路的第一步。

（1）多看理论书籍　理论书籍阅读是获得专业基础知识的主要渠道，也是专业入门的必备条件。经典的理论书籍是必须反复阅读的，但应注意的一是不要仅仅局限于本专业书籍；二是除少部分人外，不建议同学看深奥的纯理论书籍和大部头作品。因为过于晦涩的语言和短时间难以看完对大部分人来说就是考验和陷阱。

（2）多看优秀案例　优秀案例某种意义上就是例题，它的作用一方面是开阔设计视野和见识，拓宽设计思路，接触更多信息，同时在方法上也能提供大量具体经验。另外还可以多看其他艺术门类作品，因为它们都可能成为激发设计灵感的来源（图1-7）。

现场体验是最直观、深刻的案例学习方式，因此旅行就成为建筑师非常重要的学习途径。安藤就说过："所谓的建筑，如果仅从图样、照片或语汇这些二维的角度上进行描述，是无法了解它的全部的。随时间的改变而移动的光影，吹过的风所携带的味道，建筑中人们的交谈声，在周边漂浮的空气给肌肤带来的触感……除非亲自前往现场，使用人的手足乃至全身的感官与灵性来体验和感悟，似乎并没有其他的办法。所以，建筑师就需要旅行。"

（3）多观察周围环境　除了外出旅行，同学们在入学第一天还应树立这样的意识：多观察自己周围的环境并进行充分地感受和体会，以达到增强生活体验和积累基本设计常识的目的。因为作为未来的从业人员，首先你的眼光和视野应该和普通人有所不同，很多常识也都在自己的身边存在，稍加观察和思考就能掌握这些常规做法和其中的原因，也就能避免犯一些低级错误。

2. 多练

只有多看还远远不够，勤加练习才是学好设计的另一必由之路。一个备受推崇的理论认为：正确、高质量练习任何技能一万小时，你就能成为本领域的专家。这就是丹尼尔·科伊尔的《一万小时天才理论》中的"一万小时定律"。按此定律，如果我们每天花 6h 投入到建筑设计的练习中，也是需要将近 5 年时间。显然，大部分同学在学校内是不可能有这么多时间投入到专业中的。因此目前我们唯一要做的就是，起身行动！

多画草图是进行设计练习的一个重要手段。通过徒手训练一方面能增强对建筑空间、尺度、比例、材料质感等的感受、把握，另外一方面是利用草图能随时把对设计的思考记录、表达出来。所以即便是当前计算机技术已经非常先进，但还是无法完全取代手头功夫（图 1-8）。

图 1-7　不同艺术作品都可以成为设计灵感的来源

016

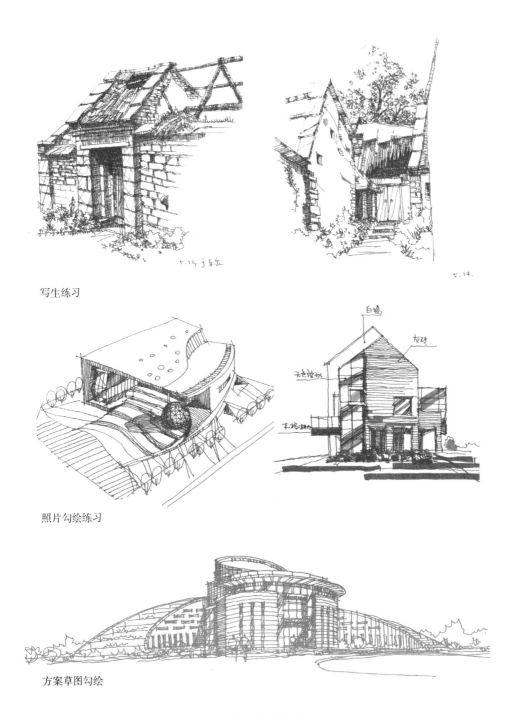

写生练习

照片勾绘练习

方案草图勾绘

图 1-8　不同类型草图练习

3. 多思考、总结

思考总结主要从两个方面进行：一是从个人发展角度，一是从专业角度。

从个人发展角度，同学们需要首先给自己的未来定位：属于什么样的性格？对什么感兴趣，擅长哪方面工作？是方案还是技术设计？是喜欢技术工作还是管理、策划方面的工作，或者其他一些考虑？是考研还是就业，是出国学习还是在国内发展？

从专业角度，总结更是一种基本的学习方式，通过总结经验、教训，它使我们能巩固每个阶段所学内容。主要可从以下几方面进行：

从课程设计角度总结。目前每个课程设计前后的关系只是类型、大小和复杂程度的区别，但在设计方法上几乎完全相同，而每次设计训练的目的都是需要学生上个台阶，提升解决问题的能力。因此，每次交图后从不同层面反思自己这次的得失，并和其他好的作业进行比较，从中得到一些启示，收获可能更大（图1-9）。

对经典案例进行深入分析总结，从中得到一些规律和解决问题的办法。例如从建筑整体了解建设背景、环境条件、功能要求等基本信息；了解设计理念及生成逻辑；分析、理解建筑空间形态构成方式、方法；理解不同空间形态的感受及对人的行为影响；从材料、构造角度分析其具体做法等。

4. 做好计划

做事前进行周密的计划安排，几乎所有成功的人都是如此。而建筑设计学习又是漫长的过程，水平提升相对较慢，不会短时间就有大的进步，所以做好计划，每天都做一点，才能积少成多，见到成效。另外在实际工作中，所有项目的时间都极为紧张，这也需要学生在校期间就养成按计划做事的习惯，而且最好能提前完成，同时在设计初期就充分考虑到设计过程中可能出现的各种问题。这样，同学们在交图前出现软件崩溃、打图拥挤、交通拥堵、机器故障等问题都不会成为迟交的理由和借口了。

前述所说的这么多内容，其主要目的无非是两个：一是了解清楚建筑学专业的状况和我们目前的欠缺；二是从思想、方法和行动层面明白我们该如何去做好准备。

018

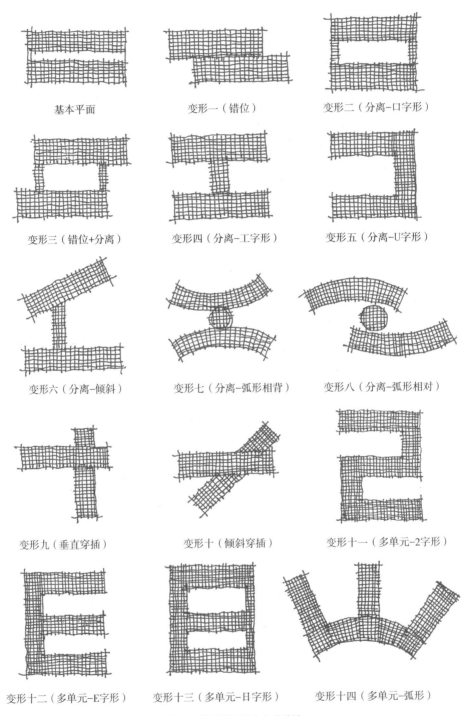

基本平面　　变形一（错位）　　变形二（分离-口字形）

变形三（错位+分离）　变形四（分离-工字形）　变形五（分离-U字形）

变形六（分离-倾斜）　变形七（分离-弧形相背）　变形八（分离-弧形相对）

变形九（垂直穿插）　变形十（倾斜穿插）　变形十一（多单元-2字形）

变形十二（多单元-E字形）　变形十三（多单元-日字形）　变形十四（多单元-弧形）

图1-9　常用平面组合方式总结

第 2 章

理解设计

——设计的方法、过程与评价标准

所谓方法是指为达到某种目的而采取的途径、步骤、手段等，而建筑设计方法就是建筑师把设计问题转化为设计结果过程中所借用的模型或手段的总和。

2.1 建筑设计的方法及过程

传统的建筑设计方法主要以建筑师的个人经验、直觉和灵感为主，缺少普适性和科学性。所以从 20 世纪 60 年代以来，建筑界开始进行建筑设计方法的研究，试图寻找能直接应用的公式、定理。整个研究大概经历了三个阶段：即第一代的"分析—综合—评价"方法，第二代的"模式语言"方法，第三代的"猜想—验证"方法。

2.1.1 "分析—综合—评价"方法

"分析—综合—评价"方法的代表是克里斯托弗·琼斯。他认为一个设计方案需要经过分析问题、收集所需情报、进行综合等过程之后才能形成，而方案生成后还需要经过评估以检验是否满足要求。如果不能达到满意，这个过程就会重新开始，直到有一个设计者认为满意的方案出现才会终止。也就是说，整个过程由信息输入、方案输出和综合评定三个阶段构成。

这种方法由于具有鲜明的逻辑性和理性分析特征而比较易于理解和传授，因此，其影响至今仍然存在，甚至目前国内建筑院校仍在大量采用。

但这种方法最明显的弊端是：它把重点放在设计的程序或过程上，试图通过借用科学、技术的力量使设计生成完全建立在理性分析基础上，也就是说通过分析现有问题能一步步推导出答案。这种观念甚至认为人或者机器使用统一而具有确定性的方法能得到同一个结论。例如著名的景观设计大师麦克哈格曾经这样说："任何人，只要收集到相同的设计信息，将产生同样的结果。"显然，这和建筑设计的实际情况完全不同，基于此也导致了第二代设计方法的研究。

2.1.2　"模式语言"方法

模式语言是克·亚历山大根据不同尺度及过程总结的用语言来描述与活动一致的场所形态。是把设计问题根据层次分解为 253 个独立的单元模式，这些模式作为一个整体或者基本素材，实际上就是从大量设计实践中精心提炼出来的规律和经验，是不同等级（城市、建筑和细节）做法的图示。掌握了它们就可以随心所欲的"写文章"（做设计），创造出千变万化的组合方式（图 2-1）。

图 2-1　模式语言的基本构成

模式（pattern）就是把解决某类问题的方法总结归纳到理论高度，就是把问题抽象化，在忽略掉不重要的细节后，发现问题的一般性本质，并找到普遍适用的解决方法过程。它是一种指导解决某类问题的最佳实践。特别是一些经典的模式，可以作为初学者积累经验和借鉴的素材，能帮助他们做出有一定水准的设计方案，达到事半功倍的效果。

宫宇地一彦的《建筑设计的构思方法》里面也提到一种称为"从约定事项构思"的方法，也是一种典型的模式语言方法。所谓的"约定事项"就是一些历史上公认的经典的设计规律或做法，从这些"约定事项"出发并对其再创造，就形成虽不是原创却又有一定水准的设计方案。典型的例如西方应用古典柱式或三段式构图方式的作品和我国传统建筑的做法。

但由于亚历山大的每个模式都是独立的单位，所以在实际应用组合操作中，并不能简单把不同尺度、类型的单位直接组合到一起，还是需要一定的规则、方法使之统一、协调。同时这种方法更多的是从平面角度出发，对形态部分关注较少，这就很难直接得到满意的结果。另外，复杂的建造环境、地域差别和不断增加的需求也使现有模式很难覆盖所有，所以其适用性就大大降低。但其作为一种研究方法和经验积累方式还是非常值得学习的。

2.1.3 "猜想—验证"方法

"猜想—验证"方法是对"分析—综合"模式的改进，这种方法认为设计不是建筑师对现有问题进行分析后生成，而是根据自己经验和理解对设计目标进行猜想、假设，得出大致方案后，再对其进行试错的过程。

显然，这种方法也是建立在建筑师自己的经验基础上，对学生阶段来说其直接借鉴意义并不大。

然而，不幸的是上述设计方法的实际应用效果并不理想，尤其对初学建筑设计的学生来说其操作指导价值不是太高。在此介绍这些方法的目的不是为了直接指导设计，而是从另一方面说明建筑设计的特殊性：没有一个万能的公式或方法能直接推导出方案，即使有一定的设计方法，也都是建立在设计者的经验基础上，需要设计者先具有较强的个人能力。

2.1.4　当前建筑设计的一般过程

虽然前述设计方法难以直接应用，但对初学者来说，其设计流程还是有一定借鉴意义。即不同阶段均应用分析、综合和评价的循环方法和从总体（环境）到单体（建筑）再到局部（细节）的设计步骤还是目前方案设计的基本做法。如图2-2。

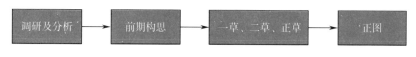

图 2-2　建筑设计的过程

例如国内的建筑设计大部分还是按如下的框架进行：①接受项目、找出问题；②针对问题有目的地寻找资料、收集资料；③对收集的资料进行分析总结；④从分析的材料中归纳出可转化为设计的要素；⑤将其转化为方案，并不断地找出问题、解决问题并予补充调整，在问题得到不断地解决后构成满意的答案。这样，建筑设计基本是协调矛盾、权衡利弊，需要一次一次下决定来解决问题的过程。

在具体操作上又有下面两种方式：

1. 从布局到造型

由于这种方法比较简单和易于控制进程，容易上手、操作，所以目前大部分学校在低年级仍然采用这种教学方式。简单说就是指导学生学习从总平面—平面—立面—形式的设计过程。

从平面布局到造型这种方法需要先确定基本设计构思，然后提出一种或几种初步平面布局，然后经过方案比较后确定一种发展方向，再经过深化完善，提出完整的从平面到造型，再到细节的方案过程。

但是在实际教学过程中，发现学生容易出现下述问题：一是低年级的设计训练主要针对建筑本身，环境约束较少，学生对此方面的思考过少，这样从开始就缺少了整体把握的习惯，难以建立整体设计的概念；二是学生经常因为一些无足轻重的问题就轻易推翻自己的方案，缺乏抓主要矛盾的能力；三是缺乏方案比较的习惯；四是严格按照单线流程进行，进行其中一步时几乎不考虑另外阶段内容，尤其是进行平面设计时，不是从总体角度出发，缺乏秩序和空间思考，另外几乎不考虑造型，这就给后续阶段带来很大约束和限制。

2. 从造型到布局

除了从平面布局到造型这种方法外，从造型到平面布局是另外一种设计顺序。这种思路是建筑师根据对设计任务的理解首先确定大概的建筑形式，再根据形式填充、完善平面功能，然后反过来再调整形式，并经过多次反复调整得到成熟方案。这种做法的建筑一般位于重要或特殊的地段位置，对建筑师的要求也比较高，比较适合成熟有经验的设计师。因为形式的确定需要建立在对建筑环境、功能、形式、尺度等全方位判断、掌握的基础上。

这种方法的优点是可以产生比较有创意的方案，很多著名的建筑就属于此类，像悉尼歌剧院、广州歌剧院等。但其对本科教学来说还缺乏实际应用价值，因为学生阶段在整体的把握上还有明显的不足。

分析上述的设计流程和具体操作方式，表面看虽然容易理解和接受，但却存在关键的欠缺：就是对于具体如何操作和结果的评价没有说清，特别是每个项目的情况不同，面临的问题千差万别，更是让人难以直接上手。像如何提出问题、提出哪些问题？怎么分析问题和解决问题？怎么评价设计方案的好坏？都没有后续方法、标准的支撑、指导，这就使设计流程的指导意义大打折扣。

2.2 对设计过程的理解

2.2.1　和写作的比较

对于刚开始接触设计的同学，上述的描述可能仍然不易理解，但如果和我们熟悉的事物做比较，就会发现设计过程和写作过程有很强的类似性。

同学们对写作过程都有一定经验。写作一般也是给出一个题目或素材，让你写出一篇反映自己理解的作品。而根据我们的经验，首先要做的就是审清题目和要求，通过自己的分析、理解提出几种写作角度或思路，再对其进行比较确定其中一种作为写作的方向和准备表达的中心思想，然后根据中心思想列出文章的大致章节框架，再组织相应素材和内容，最后通过良好的文字语言表达出来。总体来说写作的过程大致就包括了构思、转化和表达三个阶段。

如果比较设计和写作，会发现两者在过程、手段、结果和评价标准方面有很多共通性：两者都是作者针对任务要求所进行的思想与情感的表达；都是从无到有的创造性过程；都是从模糊到清晰的过程，即从最初的大致思路到明确的中心思想；都是从抽象思维转化为具象语言的过程，只不过写作转化为文字语言，而设计转化为图示语言；都是同一个题目而有不同角度和不同风格（例如写作有小说、散文、诗歌、议论文、记叙文等，设计有古典、现代、后现代、解构主义、地域性、绿色建筑等不同流派）的作品，两者在最后的结果上也都具有不明确性和非唯一性；都无法做到十全十美；都需要有层次和起伏的变化；另外两者在判断的标准上，也都没有明确的对错标准；而在提升的训练上两者也都具有相似性，虽有天赋成分，但都需要长期刻苦的训练和积累；另外两者都注重思路和过程的逻辑性和严谨性，主要目的都是使整个作品能够成立；都需要具备想象力、缜密思维与清晰的逻辑表达。

当然，除了上述两者存在的类似性之外，设计涉及的因素更多、更复杂，但写作在基本方法、过程方面对于理解设计还是具有较好的借鉴作用。所以对设计方法、过程还没有把控的同学，多想想写作过程会对怎样学习和开始建筑设计有很大帮助。

2.2.2 建筑设计的三阶段过程

通过分析上述设计方法和过程，我们总结得出：建筑设计就是由虚（理念或思路）到实（图样成果）的过程，是从模糊到清晰的过程，也是从抽象到具体的过程。如果总结设计的整个过程，大致可划分为三个阶段：提出设计理念（第一阶段）、理念的转化深化（第二阶段）和成果表达（第三阶段）。当然每个阶段还有很多重要而具体的工作（图 2-3）。

虽然上述三阶段过程仍然属于提出问题、分析问题、解决问题的过程，但显然此过程更符合实际的工作流程，再结合熟悉的事物作为参考，同时加入各阶段的具体要求和评价标准使流程更具逻辑性、更细化，也更易理解和操作。例如 BIG 事务所之所以声名鹊起就是因为其方案具有明确的理念、清晰的方案生成过程和完美的转化结果。

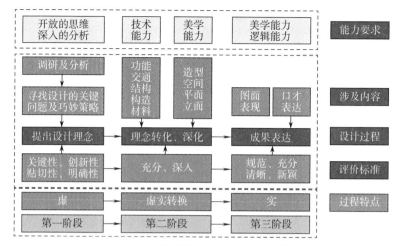

图 2-3　建筑设计的三阶段及相关要求

1. 提出理念

理念可以说是建筑师对设计整体方向的把握，是对设计需要解决的核心问题的理解及解决办法的体现，是需从开始接触设计任务就要思考和明确的，也是整个设计方案的灵魂。它应该自始至终从实践上指导设计的开始和进行。就像写作一样，开始写作之前，首先需要有较为明确的方向和中心，而不是毫无目标，随想随写。但好的理念不是轻易就能得到，也不是开始就很清晰，而是需要具有开放的思维，并经过充分、深入地分析思考后，尤其是经过详尽地调研分析，才可能从中发现需要解决的关键问题，然后针对问题再提出巧妙的解决办法，这样才可能逐渐形成成熟的理念。这种分析、思考解决关键问题的工作就是前期设计构思的核心内容。对于关键问题的寻找和理念的来源及生成在第 3、4 章有详述。

2. 理念转化、深化

有了较为清晰的理念，下一步就是理念的具体落地实施，也就是说需要专业的语言表达出来，这就是理念的落实、转化和深化的过程，也就是从虚的构思变成实际的图像化过程。这个阶段对设计者的主要要求就是要有良好的综合素质和能力，否则就很难达到满意的效果而变成眼高手低。

此阶段的特点就是设计逐渐从模糊到清晰、从整体到局部和从粗到细的过程。重点在于总体布局的形成，难点在于理念到形式（特别是外部形式）的过程。

由虚到实的另外一个意思是方案设计是个逐步深入和完善的过程。每个设计想法不可能从开始就是成熟、完美的，而是随着设计的发展和思考的深入逐渐变得清晰明确。从转化的进程来看，此过程又可分为初步转化和设计深化两个阶段。

（1）初步转化阶段　初步转化阶段是指在理念的指导下先对设计有大致的总体思考，主要通过分析、考虑各种约束条件来得到大致方案。这些约束条件包括场地环境条件、城市规划条件、功能要求和国家相关法规、规范要求等。因为此时期的设计思路总体上还是杂乱无章的发散阶段，思路、选择会非常多，如果没有约束条件的制约，方案可能根本无法进行。

此阶段需要完成的主要任务是：通过对气候状况、地形地貌、内外交通条件、功能分区原则（规范及使用要求）、景观朝向条件及规划条件（容积率、建筑密度、退线、交通等指标控制）的分析，要大致能确定场地总体布局、交通组织方式及初步的造型控制等内容。

总体布局包括应确定建筑在场地中的大致位置，确定建筑采用集中式、分散式或两者兼顾的布置方式；交通方面应基本确定场地的各出入口；大致确定场地内部的交通组织方式：包括场地出入口和建筑的连接关系、建筑外部交通流线（人流、物流、车流和消防流线等）的安排和停车组织等内容；初步的造型控制需要确定大的风格类型并结合建筑布置方式确定基本体块关系等。

此阶段由于是确定大的关系方面，另外学校阶段的任务一般用地宽松，限制条件相对较少，所以会出现很多不同类型方案难以衡量的情况，当然也与学生的辨别能力有关。这就需要对多方案进行反复分析、比较，以选择相对较优方案，特别是和理念相关部分内容，一定要慎重、仔细考虑，看是否有较好的落实、体现。

（2）设计深化阶段　设计深化阶段是在初步转化的基础上继续完善上述内容，并逐渐深入到建筑单体的平面功能组织、空间塑造、内部交通流线和造型处理等设计，最后进行细节处理。具体到每个阶段也是由粗略到细化的迭代过程，又会面临解决各种层次问题，必然也会有多种选择和可能性，需要在对设计意图和要求逐渐理解的基础上判断其取舍。就像雕塑的过程，艺术家总是先有雕塑意图和主题，并通过草图表达出来，然后才能开始具体雕刻过程。雕刻也肯定不会从细节入手，而是先塑出大体轮廓，然后逐步细化，最后深入刻画细节（图2-4）。

就像安藤忠雄所说："我认为建筑设计是以一个设计概念为基础，在各个不同的阶段反复地调整与局部的关系，在二者之间反复地解答，做出一个又一个决定的过程。"

此阶段的重点是平面功能设计和建筑造型设计，难点是空间和造型的特色塑造方面。关于平面和造型设计在第6章会有详细介绍。

3. 成果表达

方案转化完成后，此时的方案基本确定，最后还需要规范、清晰、充分地把成果表现出来。具体到图样内容上，除了规定要求的图样和说明之外，前期

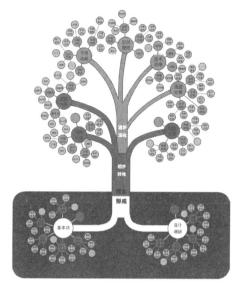

图 2-4 设计转化过程树

调研的内容、理念的产生过程、方案形成的分析等也是图面构成的必需内容；在表现方式上，新颖的排版、与众不同的图面风格和特殊的表现形式更是对方案呈现有锦上添花的作用。因此，成果表达也是一个对已有内容进行系统组织、设计的过程。

2.2.3 设计各阶段对学生的能力要求

根据前述的设计过程，形成理念、理念转化和成果表达这三个阶段是逐步递进的过程，每个环节都缺一不可，同时每个环节都要学生具备相应的知识和技能。简单可以总结为三大能力和素质：理念阶段需要学生要具有开放、创新的设计思维、视野和明确设计好坏的标准（或目标），这是最关键的能力，也是最难和最急需提升的能力。转化阶段需要学生具有熟练的转化能力和手段，主要包括应具备的技术基础（功能、结构、构造、材料技术等）和美学基础（形式、空间、平面组织、表现能力等）。技术能力保证了设计的科学性、可行性和合理性，而美学能力保证了设计的艺术性和趣味性，这些能力或素质的强弱是推动理念落地和方案发展的内在动力。成果阶段则需要学生具有优秀的表现、表达能力（图面表现、语言表达）。显然，第一个要求属于思想意识层面，后面两个要求则属于基本功的范畴。关于基础能力的要求在第5、6章有详细论述。

2.3

设计方案的评价标准

——情理之中，意料之外

　　针对每个设计任务，不管采取什么途径和方式，每个学生最后都会产生自己的设计方案。对于学生来说，他们最关心的问题是如何评价自己方案的好坏。前面也说过，建筑设计的特点之一就是评判标准的难以客观，但并不代表没有评判标准，而且这种标准应具有普适性和通用性。尤其是在方案结果多样性的情况下，如何客观、公平评价不同角度的成果而不带过多主观性因素就更显重要。所以如何使学生理解设计方案的评价标准是建筑教育的关键，也是学生在方案开始之前就应当明确的。

　　首先，由于建筑具有实际使用性质，因此，塑造健康、舒适、安全的空间环境是建筑设计的根本目的。这不仅要满足设计的常规要求，更需要其他专业的技术支撑，还要考虑实际建造条件和限制，所以一个设计方案首先必须具有合理性。这种合理性不仅体现在和环境的协调、统一，以及在基本功能布局、交通组织、规范、规划等方面进行合理性设计等，还要考虑结构等技术的可行性和建造的经济性，这也是方案设计必须达到的最基本要求。

而建筑同时具有的艺术性特点又对其有美学和趣味性要求，这是一种更高层次的要求，也是最难体现客观、公正的地方。前面说过设计和写作的类比，所以在判断设计好坏方面也可以借鉴写作的评价标准。普通文章的要求是中心基本突出，文字通顺，写作规范。而好文章则是首先是看其写作立意和角度，然后看其材料组织和文字表达。好设计也是一样，需要具备好的构思、好的体现及好的表达。好文章是写作角度独特，结构清晰，内容丰满，文字优美；好设计也需要立意新颖，特色突出，逻辑性强，图面漂亮。具体手法上，好文章使用的素材可能是熟悉的，但如果角度新颖，给人的感觉也是眼前一亮；好设计同样如此，如果切入角度独特，方法巧妙，即使设计元素普通也能产生惊艳的效果。

因此，如果要对方案的评价标准进行概括、总结，就是要能做到"情理之中、意料之外"。

2.3.1 情理之中

此原则主要体现在以下两方面：

一是设计方案要解决好项目的基础和常规问题，例如和环境的关系问题、总体布局问题、功能组织、交通组织、景观和常规技术问题（朝向、采光、通风等）。要做到和环境协调，功能分区明确，交通流线方便简洁，技术（结构、材料、构造等）合理可行，并符合国家相关规范要求，经济性适宜。也就是说设计方案不能存在大的缺陷和原则性问题，采取的解决方式也是大部分人都会采取的策略。简单说，一个设计方案应该全面考虑到项目所面临的所有主要问题并能合理解决，并实现各方面的平衡。

二是整个方案的生成过程要具有逻辑性。虽然设计不像解数学题一样有严谨的推导过程，但方案前后的发展过程和各个部分的做法都是经过分析和思考的，都应是有原因和道理的，而不仅仅是设计者的想当然。

这种合理性和逻辑性既是专业层面对设计的基本要求，也是建筑师个人基本素质的体现，因此，这种水平也不是轻易就能达到的，也是一个长期的积累过程。

2.3.2　意料之外

如果一个方案仅仅满足上述的情理之中，可能没有大的毛病和问题，但会比较平淡、普通，缺乏特色和趣味性，这是建筑作为人长期使用的公共场所和其艺术特性所不能容忍的。因此设计还要体现一定的创意与特色，或者说要有打动人的地方。"意料之外"则是设计评价标准的另外一个准则。但这种"意料之外"也不是漫无边际、天马行空或者新奇怪的想法或思路，而应该是在一定约束条件之下的创意，是建立在情理之中基础上的意料之外。

"意料之外"一般又和设计需要解决的主要矛盾或关键问题产生关联，它代表了对关键问题巧妙、独到的解决方式，这种独到的解决方式才是整个设计方案的核心，才能逐渐发展成为设计的理念。

但我们需要注意的一是它所体现和解决的一定是设计的大方向或关键问题，而不是某个局部或小问题；二是关键问题的解决方式一定是让人觉得巧妙、贴切的，而不是过于常规和牵强附会；三是每个设计需要解决的问题有无数个，不可能把所有问题都解决得十分完美和有特色，所以就要结合理念的方向和解决办法，在设计概念和特色方面重点体现，而其他方面做到合理体现。同时，还要避免设计理念的过大、过虚，避免过小、过窄和过于具体。也就是要求这个"意料之外"具有关键性、新颖性、贴切性等特点。

2.3.3　两者的关系

"情理之中"与"意料之外"的关系是两者相互统一、相辅相成、缺一不可。单纯的"情理之中"使设计缺乏趣味和打动人的气质，而只有"意料之外"又会使设计陷入过于突出自我的怪圈，和建筑的实用性难以统一。

所以，两者更应是二元统一的关系。"情理之中"是方案成立的基础和前提，"意料之外"则是设计方案的拔高、升华，是方案的创新与特色之处。"情理之中"保证了方案的合理性和经济性，反映了方案的共性，而"意料之外"则使方案具有一定的品质和思想内涵，体现了方案的个性。

第 3 章

开始设计

——设计调研

调研是开始进行设计的第一项任务，也是建筑设计的一个必需阶段，调研成果更是设计前期必须获得的基本材料，其对方案设计的形成至关重要，有人甚至说调研已然可以得到 30% 的最终设计成果。但目前学生并没有充分认识到调研的重要性，或者虽然认识到，但不知如何开始和进行调研，不知调研后如何进行资料的分析整理，进而对设计形成启发和指导。

3.1
调研目的及原则

3.1.1 当前问题

当前学生存在的主要问题是调研是调研，设计是设计，调研仅成为一个需要完成的阶段任务而已，并未达到教学的主要目的。而教学中也存在教师仅仅布置好调研任务，而并未给学生讲授如何进行调研的技术问题，这也使学生在具体操作中难以把握，造成出现下面的几类情况。

1. 调研目的不清

很多同学以为调研就是去建设用地现场周边逛一圈，拍几张照片，看看交通状况，周围有什么环境等就可以了。显然这种调研的效果不会理想，回来稍微深入问其基地或环境状况就回答不出，更别说其他内容了。所以明确调研的主要目的，带着问题和准备去调研是进行调研前的第一步。

2. 调研方法单一

当前存在的另一个问题是调研方法的单一。很多同学虽然深入现场，也进行了一定程度的调研，但主要以自己的观察为主，和相关使用者缺乏深入交流，对周围环境覆盖较少，采用的方法也较为单一，造成调研成果内容不够完整，深度也大打折扣，自然也难以圆满完成调研任务。

3. 调研内容简单

很多同学认为调研只是针对建设用地而言，另外在进行调研前并未进行充分的准备，就匆匆忙忙去了现场，必然使调研内容不够全面完整，对项目的背景、历史、现状及环境状况也缺乏深入了解和挖掘。

4. 后期分析不足

除了前述调研过程中的问题外，调研完成后，后期资料的整理分析不足也是存在的主要问题。很多同学以为把调研资料罗列一下就算完成任务，而不知最后的关键还没涉及。

3.1.2 调研目的

同学们接手一个新的设计任务，首先需要熟悉项目所处环境、背景、设计内容要求、现有类似案例做法及设计现有条件，才能开始下一步的方案设计。而对建设项目要求及用地的深入了解是进行设计的前提，也具有启发设计和指导设计的作用。所以，调研的主要目的就是通过调查、分析针对项目的各种资料，熟悉相关条件和要求，梳理出设计需要达到的结果，进而总结出设计需要解决的核心问题，为下一步提出设计理念做准备。

3.1.3 调研原则

1. 客观性原则

客观性原则即收集、记录、分析资料以及得出结论都不过多掺杂调研者的主观因素，对调查对象不抱任何成见，对客观事实不能有任何增减或歪曲。

2. 科学性原则

科学性原则是指调查研究选取的对象和采用的方法、手段必须符合科学规律和原则。

3. 系统性原则

系统性原则即调查研究要从全面、系统的角度出发，适应对象的特点。不是简单地就事论事，而是把事物放在一个系统整体内，从整体来分析。

3.1.4 调研过程

调研的过程依据发展顺序大致分为以下三个阶段：

1. 前期阶段（准备阶段）

（1）确定调研目的　根据任务书要求，分析调研所要达到的目的，重点需要解决哪些问题？

（2）明确调研内容和方法，梳理调研问题　根据调研目的，除了表面上一些基本调研内容外，还需要深入调研哪些内容？需要采用哪些方法？针对调研内容梳理出哪些具体调研问题？这些都需要在调研前做好充分设计。

（3）做好调研准备　除了前述内容外，还需要充分做好调研前的准备工作，例如调研具体计划、人员构成及需求、任务分配、需要的设备、开始时间选择与被调研者的联系及调研过程中出现问题的预案等。

2. 中期阶段（开始调研）

主要是根据前期制订的计划进行具体的执行过程。需要注意的是现场可能会出现与计划不一致的情况，或者很难一次就能完成整个调研，需要相应调整计划和多次进行。

3. 后期阶段（材料的分析整理）

进行完调研后，需要把收集的信息进行分析整理，根据重要性梳理出与设计直接相关的内容和问题，并通过综合、提炼、归纳和概括得出调研结论，才能达到调研的目的和效果。

3.2 调研的内容及方法

3.2.1 调研内容

根据资料来源的方式，调研主要分为文献调研和现场调研两大部分内容。

1. 文献调研内容（表 3-1）

文献调研也称为二手资料调研。主要针对项目建设背景、项目涉及专业内容、技术要求、类似案例的收集整理、国家及地方相关规范、法规要求等，以供设计者熟悉和借鉴。

文献资料的收集是知识基础，通过对原始资料的收集（图像、档案、论文、书籍、网络等），设计的可能情况和约束条件（规划条件、规范条件、特殊使用要求）了解项目的前因后果、发展趋势和外部评价，通过获取原始资料来增强对本类型项目的理解。特别是一些不熟悉的项目或是特别复杂的项目，更需要收集基础资料以明晰基本设计要求，而对一些重要的建设项目，还可能需要从地域和历史角度了解相关的背景信息，以给设计思路提供参考。

表 3-1　文献调研内容

调研阶段	分类工作	采用方法	调研主题	具体内容	使用工具
前期一（文献调研）	背景基础资料调研	地图文献档案网络资源	场地区位、基础条件	城市性质规模、场地位置、形状、尺度特点，周围环境、肌理、交通（包括未来规划）、景观状况等	计算机、图书、纸、笔、相机等
			场地气候、地质、环境状况	日照、温湿度、降水、水文、风环境、声环境、污染物资料等	
			场地历史、人文方面	历史人物、事件、建筑形制风格、风俗、生活习俗、节日、文化遗存、古迹、各种神话传说等	
			资源、产业状况	周围特色产业、资源等状况	
	规划条件	网络资源部门查询	规划要求	上位规划要求；规划红线及各种指标条件要求、风格要求等	
			其他部门要求	消防、卫生防疫、市政、交通、电力等部门要求	
	规范条件	文献档案网络资源	功能要求	规范或工艺规定的相关设计要求等	
			防火要求	规范规定的相关消防要求等	
	类似研究或实践案例	文献档案网络资源	相关理论研究	发展过程、基本理论、做法和存在问题等	
			相同、相似案例	新的理念、功能组织、特色寻找、方法借鉴等	

例如一个小学建筑设计，首先需要对当前学校建筑做法进行资料调研，除了包括类似项目、常规布局模式、交通组织方式、空间组成及需求和规范要求外，更重要的是对教学理念的变化及对空间影响的调研。而对一些特殊文化、环境和地形条件下的学校，深入挖掘一些相关背景资料也是必需内容。

2. 现场调研内容（表 3-2）

现场调研也称为原始资料调研。调研内容从直观性上看是分为可见内容和不

可见内容；从内容类型上又分为人、交通、物、历史、环境、文化等方面。直接
可见的内容包括场地周边及内部现有环境状况、场地周围交通状况、场地主要地
形地貌、场地及周边居住人群及生活状况、现有配套设施状况、使用人群的行为
方式和习惯等。不可见的包括场地气候条件状况、场地历史和社会状况、场地文
化传统状况、地表下面的状况、使用人群的需求和心理状况等。其中，对人的行
为调研又是调研的核心，因为建筑的目的是满足使用者的需求。这就需要通过实
际观察场地内的人流活动和生活方式，逐渐发现他们真正的需求，而不是自己想
当然的设想。例如前述的学校建筑，其使用主体虽是学生和老师，但主体内部的
不同类型人群其需求也是有很大差别：像不同年级的学生特点要求，任课老师和
管理老师不同要求，还有家长接送及外部参观要求，这些也是在调研时需要细化
考虑的。

表 3-2 现场调研内容

调研阶段	分类工作	采用方法	调研主题	具体内容	工具
前期二（现场调研）	可见内容	拍照、观察、体验、测量、记录	场地外部环境	体验场地区位特点，实地观察周围环境；景观状况；公共空间；节点空间；标志性建筑、建筑风格、体量、功能状况等	相机、地图、尺子、笔、草图本等
			场地外部交通	到达场地交通方式；站点位置；周边道路级别、交通流量（车流、人流）、与场地出入口联系	
			场地内部状况	场地地质、地形和地貌；现状遗存；景观绿化	
			场地周边人群	人群构成、生存状况、生活方式、习惯、需求等	
			配套基础设施	基本水、暖、电、信、气、污等市政管网来源	
			其他矛盾问题	其他场地中的问题或者特质	
	不可见内容	抽样访谈、会议、问卷、文献档案、网络资源等方法	使用者的需求调研	相关使用者需求、感受；相关研究专家的访谈	录音笔、纸、笔等
			场地历史、人文方面	结合现场状况进一步对文献调研内容进行深入挖掘（包括居民访谈、会议等增加信息来源）	
			场地气候、地质状况	结合现场状况进一步对文献调研内容进行深入挖掘（包括地下空间、管线）	

去现场发现一些问题或现象后，需要如实记录并做一些初步思考。例如彼得·卒姆托在做瓦尔斯温泉浴场的设计时，他去现场调研发现瓦尔斯村子里的瓦和墙，都使用了同一种地方的石材。在他的笔记里这样写道："我们在村子里行走，忽然发现，到处都是圆石，还有，那些容易劈开的石板，它们松散地垒在一起，一层层地垒起的高墙矮墙；我们考察了不同规模、不同坡度和不同矿床上的石矿。想着我们的浴室，想着温泉从我们建筑基地背后的地层里奔涌而出，我们发现，沃尔斯的那种片麻岩越来越令我们着迷。"根据这种现象，随后他又调查了矿山和发电站，最后片麻岩石材的成功应用也最终成了卒姆托组织浴场意像的核心要素。而像崔愷做的山东省广电中心设计，其外部造型设计也是在考察建筑材料时，看到当地采石场的石材堆放形式而受到的启发。

所以调查时虽是带着问题而去，但有时偶然性的发现却又成为意外收获，特别是在一些特殊、陌生而又有特色的环境中，这种偶然性不要轻易放过。

由于篇幅所限，具体调研案例可参考"在小学生回家的路上，有哪些设计可以调研？"（http://www.archcollege.com/archcollege/2018/05/40081.html）。

3.2.2　调研方法

现场调研的方法主要有以下几种：

1. 访谈法

访谈法是一种基本调研方法，它通过与未来使用者、当地居住者、相关专家等人员进行深入交流，听取意见和感受而得到项目所需信息。主要了解项目的现状和变化、使用状况、使用者的情况和需求。特别是对于特殊需求和具有历史文脉地域的项目，访谈是深入了解各方需求和项目历史传统的最好途径。

主要分为三个步骤：了解问题—分析成因—实施对策。

主要需要解决下述问题：

1）为何访谈（调研目的）。

2）访谈什么（调研内容）。

3）向谁访谈（调研对象）。

4）何时访谈（调研时间）。

5）如何访谈（调研方法）。

6）如何整理（梳理分析）。

注意事项：一是做好充分的准备，重点是访谈内容的准备；二是访谈选择的人群一定要具有代表性，应是与本项目直接相关或对本项目非常熟悉的人士，每次访谈人数以 5~7 人为宜。

2. 问卷调查法

问卷调查法也是一种基本调研方法，它是通过设计一定数量的问卷问题并进行分发，从而得到所要的结果。这种方法适合用于功能性较强或者涉及感受、需求等方面的项目。例如商业业态的配置、居住建筑的面积比例或者户型设计，或者需要改善的功能内容等。

注意事项：一是做好充分的前期准备，重点是问卷内容的设计，问题及选项设计一定直接具体且易于理解；二是问题设置避免倾向性；三是同类型问题宜集中设置，易于思考；四是问题数量不宜过多且排序合理；五是样本需要达到一定数量，不能只有少数样本。

优点：简单易行，避免偏见，易于定量分析。缺点是对回答者的文化水平有要求，另外是不能保证回答的质量。

3. 观察法

观察的有效性依赖于调查者事先对各个方面做的准备如何，然后才会对具体的场景比较敏感，看到一些东西在文献里相关内容提到过，可能就比较关注，否则就会把很重要的信息漏过去。

主要包括看、拍、听、测、绘、记等内容。

看：观察环境、场地、行为等的状况特点。

拍：记录环境和场地状况，以及周围人的行为。

听：听取场地及周围居住者、相关人群的建议、需求。

测：测量各主要环境、场地、建筑特征尺寸、做法、竖向标高等。

绘：绘制环境、场地等有价值和特色内容图样。

记：记录现场的关键信息、即时感受等内容（图3-1）。

注意事项：一是去现场前需要做好充分的资料准备，重点是对现场的基本状

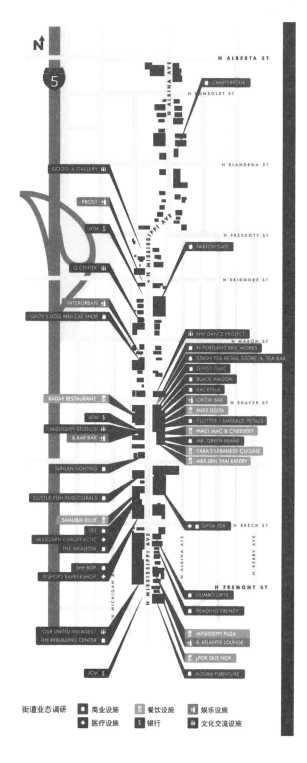

况要心中有数；二是观察一定要全面、细致，可能根据情况需要多次去现场。

4. 会议法

针对所调研内容举行相关人员会议，从中寻找信息、资料。

注意事项：一是参会人员的选择一定要有代表性；二是会议开始前的内容准备应充分，明确会议的主题和讨论内容，最好应提前分发给参会人员；三是会议组织者对主题要客观看待，避免有引导性或者暗示性的情况存在。

图 3-1 沿街建筑功能记录

3.3 调研材料的梳理、分析

调研的分析总结，需要去除不重要的内容，并从不同角度提炼资料中的信息，或者说需要给多而繁杂的信息进行重要性排序，找出关键的问题，以给设计提供思路参考。下面是几种经常使用的分析方法。

1.SWOT 分析

SWOT 是由 S（strength 优势）、W（weaknesses 劣势）、O（opportunities 机会）和 T（threats 威胁）构成。优势和劣势指的是内部因素，机会和威胁指的是外部因素。这种方法虽然最初被用于企业战略制订、竞争对手分析等场合，但对建筑设计项目同样适用（图 3-2）。

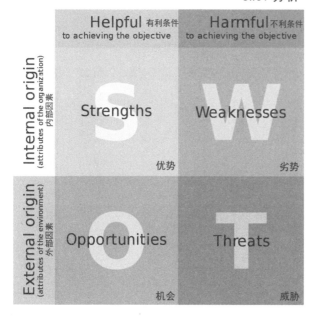

图 3-2　SWOT 分析构成示意

SWOT 分析的主要过程是首先根据调研资料分别进行上述四项内容的客观分析，然后通过对内外因素结合的分析，体现在 SWOT 分析图或者 SWOT 分析表中，最后提出相应的策略。其中对于优势和机会一定要充分利用和发扬，对于劣势和威胁一定要避免或消除，对于自身优势和外部威胁一定要监控，而对于劣势和外部机会则需要改进。

建筑设计项目的 SWOT 分析主要是针对项目的建设条件、功能业态和项目本身进行评估，例如对场地建设条件、业态配置或建设内容进行 SWOT 分析，总结其具备的优势和机会，找到存在的问题和威胁，相应在设计中充分找出存在的机会，发挥项目的优势，解决存在的问题，并规避外部的威胁。这对同质化的项目和涉及经营业态的项目具有较高作用价值。

注意事项：进行分析时对项目的优势与劣势有客观的认识，不能有意夸大或缩小；考虑项目的现状与前景；必须考虑全面；考虑与同类项目的比较；应抓住关键核心问题而避免复杂化。

2. 比较分析

主要包括横向和纵向两方面的分析比较。横向比较是把本项目材料与已有类似案例条件进行对比分析，了解其存在的主要差别和对设计的影响。纵向比较是把项目现状与以前的发展状况或未来的发展趋势进行比较，以确定项目的定位（图 3-3）。

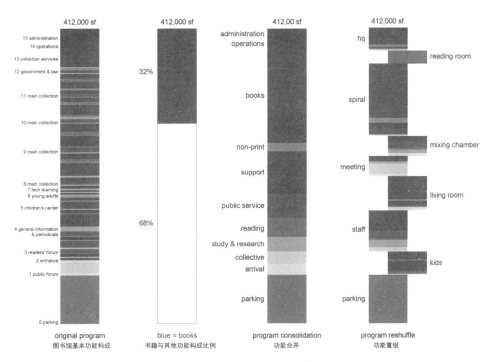

图 3-3 比较分析示意（西雅图图书馆）

3. 因素分析

从调研材料中寻找出对事物产生、发展、运动起作用的要素，通过系统分析和科学的归纳，探寻到对事物变化起着关键作用的要素系列，掌握决定事物变化的原因，从而了解事物的本质及其运动规律。

4. 图表分析

主要包括现状分析、图底分析、空间结构分析、形体构成分析、结构分析等。涉及现状、数量、频率的内容可以用柱状图、饼状图等分析方式；涉及空间关系的可以用图底分析方式；涉及沿街景观的可以采用拼贴图的方式等。

图 3-4　大数据统计分析

5. 相关工具软件分析（图 3-4）

例如利用统计软件进行数据统计分析；利用气候分析软件对用地气候、技术策略条件进行分析（包括通风、日照、遮阳、被动式策略应用等）；利用 Grasshopper 进行地形的分析；利用 GIS 进行场地地形分析、空间分析等。

3.4 建立与设计的联系

完成上述分析还不是调研的结束和最终结果，而关键是通过分析从不同层次和角度分门别类梳理出项目存在的主要矛盾和问题，并根据重要性进行排序和思考解决方案，进而为提出设计理念做准备。所以，根据调研熟悉本项目的当前状况，找到有利条件和欠缺因素，分析其对项目设计的影响，并结合前期资料对比分析其主要差别，从中发现一些需要解决的关键问题。

3.4.1 确定设计的关键问题

不管是实际的工程项目还是学校的课程任务，由于每个建筑面临的环境、任务要求、地域、经济等条件不同，需要解决的问题是无比庞杂也是千差万别的。需要注意的是：一是有时候设计的问题并不是那么明显；二是方案需要应对的不是单一问题，而是多维复杂问题；三是即使面临相同问题，在具体解决方式上也和数理化题目有固定、标准的答案不同，甚至是相差较大。所以，能否找到项目的关键问题并提出巧妙的解决方法才是设计的核心。

3.4.2　什么是关键问题

一个建筑项目的关键问题是会对设计结果产生决定性影响的因素，或者说是决定设计发展方向的问题。例如在某些设计类型中，功能因素可能是其中最关键的问题和决定性因素，像居住建筑、医疗建筑、交通建筑、观演建筑等功能性较强的类型。而对于另外一些建筑，其历史和精神意义可能是其关键，例如纪念性建筑等。还有一些处于特殊地段中的建筑，其环境适应性是关键因素，例如像悉尼歌剧院、国家大剧院、卢浮宫博物馆等类型。

像很多学校都设定了别墅类设计课程，或为艺术家别墅，或为建筑师别墅，或为山地别墅，或为几者的结合等，这就要区别对待。对于有特定使用人群的别墅，确定这种人群的主要特点和特殊需求并能充分满足这种需求就是设计的关键！而对于山地环境的别墅设计，如何解决山地环境的适应性，更好进行竖向设计和高差利用就是其中的一个关键问题！

这些不同的问题，并不仅仅简单地来自任务书要求，也有周围环境的制约，来自于对场地特征的解读，来自于城市文脉肌理的调研，还有来自其他专业或现有技术条件、规范的限制，来自资金的制约等因素。同时这些问题也是有阶段性和层次性的，例如设计构思阶段需要重点解决大的方向性问题，理念转化阶段重点解决具体技术问题（功能、交通、结构、材料等）和形式问题（形式、空间等），而最后阶段主要解决建筑细节和成果表现问题。

因此，如何从千头万绪中发现不同阶段决定性的主线问题，正反映了一个设计者的水平高低。审视其针对了什么问题，采用了什么办法，而最终解决效果如何，是我们阅读一个建筑师思维逻辑和判断其对项目特性理解水平如何的主要途径。

3.4.3　关键问题的作用

关键问题的主要作用是发现项目的重点和核心，从而明确设计的切入点和发展方向，并成为指导设计进行的主要原则。但现在很多同学并没有充分意识到这一点，或者是面对需要解决的关键问题视而不见，造成设计方案在方向上就有偏差，就像写作里面的"跑题"一样，没有抓住中心和重点。例如在山地环境里面如果做一个适合平地的应对方案就明显跑题，而如果在用地宽松的郊区环境里做一个适合城市拥挤环境的集中式方案也是明显不合适的。所以，关键问题的作用就是保证设计过程不偏离主线。下一步就是针对问题能找到相应的巧妙解决办法，进而提出设计的理念。

3.4.4　如何找关键问题

不同类型项目的关键问题不会完全相同，而同样的项目，不同的设计者由于理解的不同或者水平的高低，可能发现的关键问题也是不同的。在多而繁杂的问题中，有时候某些问题可能比较明显：例如特殊需求、特殊地形、特殊气候、特殊环境或场地、特殊情境，但更多是需要深入挖掘后才能找出。

对于设计构思阶段来说，在关键问题的源头上还是有一定的规律，主要集中在环境（自然环境、气候、地域、场地、交通、景观等方面）、文化（传统、地域、民族、企业文化等）、历史（历史事件、典故等）、功能、技术（结构、材料、构造、绿色）和使用者需求等几大方面。

上述问题中，我们首先应关注项目是否存在矛盾突出或尖锐的问题。例如位于特殊地段环境的项目（历史街区、风景区、城市重要节点处等），与环境的关系问题（适应性、标志性、协调性等）是必须首先考虑的问题；处于特殊文化环境里面的建筑，考虑文化因素的影响是自然而然的；特殊功能的建筑类型（医院、航空港、火车站等），其功能问题是首要解决的问题；位于特殊地形条件（山地、海边、异形用地、特殊气候区等），如何适应地域环境特征是重点考虑的问题。

二是如果项目没有明显的问题或矛盾，则根据项目性质从和其贴近内容角度分析选择。例如博物馆、纪念馆等建筑类型偏重从文化、地域和历史角度分析；

办公建筑偏重从使用方的文化和新型办公理念、模式角度分析；学校建筑重点从教学理念和学生需求角度分析寻找等。但很多时候，特别是复杂建筑，关键问题一般不是一个，而是会有多个，这就需要下一定功夫。显然，通过调研、分析等过程，分析项目的性质、特征和环境条件及其他制约因素，找出适合本项目的关键是相对容易的。而调研内容越全，深度越深，掌握的信息越多，问题则会越容易发现。

所以，从调研材料中分析、总结出问题并思考出良好的解决方式才算基本完成了调研的任务。

第4章

形成设计

——设计理念的来源及生成

目前，大部分同学在方案设计初期碰到的问题是缺乏思路，或者是有一定想法，但缺乏新颖的创意和打动人的气质，难以有继续深入的兴趣。这一方面是个人经验和能力的问题，另外就是对理念生成的规律缺乏认识。因此，本章重点从理念的来源角度介绍。

第3章中已经讲过，调研分析的目的是建立与设计的联系，为提出理念做好前期资料准备，其重点是需要梳理出当前存在的主要矛盾和问题，并根据重要性进行排序和思考解决方案。其中，最重要的就是如何解决调研提出的关键问题，关键问题代表了设计的发展方向，而能否巧妙解决却是产生理念的核心。

4.1

理念的产生

4.1.1 关键是能否提出巧妙的问题解决策略

在一个方案设计中，有经验的设计师一般都能找到方案的关键问题，也就是大的设计方向没有问题，那下一步的关键就是看谁提出的解决方法是巧妙而新颖的（或是意料之外的），这也是代表方案水平高低的重点所在。因为同样的问题有各种解决可能性，但巧妙的解决方式不仅给人留下深刻印象，还会使人拍案叫绝（图4-1）。

像上海世博会英国馆的设计也是典型的巧妙解决方案（图4-2）。世博会作为展示各个国家形象的舞台，如何体现参展国的形象是设计的核心（即设计的关键问题），也是每个设计师都能认识到的。但每个国家的历史、文化、艺术等包罗万象，选择恰当的元素并进行完美的体现是最大的困难（也就是如何解决这个问题）。设计师从博物馆的展品受到启发，发现英国在物种保护方面居全球领先地位，而各博物馆相关的展示却极少，所以设计师就以"种子的圣殿"作为英国馆的设计主题，但如何从建筑角度进行独特展示、体现这才是真正需要解决的困难问题，也是最终的解决策略，是理念的具体落地。他们又从动画片中获得灵感，以 66000 个从

图 4-1 新颖、巧妙的徽标设计
（左为北京奥运会会徽，右为重庆图书馆馆徽）

图 4-2 英国馆创新性的展示方式

建筑各个面上伸出的随风舞动的透明亚克力杆作为展示平台，形成独特的触须和虚幻的外观效果，使人感觉真是绝美的创意。如果仅仅以"种子的圣殿"作为理念，而展示方式较为普通可能就不会引起现在的轰动效果了。所以，找到设计的关键问题是一方面，而更重要的则是能否寻找到巧妙的解决办法。

4.1.2 判定解决策略巧妙的原则

看到这里，大家应该明白设计理念虽然是设计的第一阶段，但很难在此阶段就能提出非常理想而清晰的设计理念，因为大家最初的思考只是找到了设计的主要问题或明确了大的方向，并没有非常对应性的巧妙解决办法。而理念提出的关键就是问题解决方案的好坏，那就需要一定的标准和原则来判断什么样的解决方

法是好的或是巧妙的。

1. 关键性

首先，设计者提出的解决方案应该解决了设计的一个或几个关键问题，而不是局部某一小点。大部分同学易犯的毛病就是把一个小点或细节做法进行放大作为设计的出发点，例如局部一个造型细节的处理或者某个局部内部空间的处理方法就能作为设计的理念，这显然不能支撑整个设计，而只能认为是方案的一个小亮点。

另外，不是所有的关键问题都能得到巧妙解决。这是由于设计的综合性、复杂性和时间、成本原因，一个设计不可能所有方面都是十全十美和面面俱到。所以一般情况下，能把其中一两个关键问题有新颖的解决作为设计的特色，并让人确信能带来更大的价值和愿景，而其他问题能合理解决也就达到了目的。

2. 明确性

针对关键问题的解决方案一定要具体、明确，而不是过于抽象、模糊和宽泛。例如绿色、人性化是大家喜欢用的概念，但显然这种说法过于笼统，缺乏具体的措施支撑。再比如场地竖向应对是一个项目的关键问题，学生以适应地形的高差处理作为设计理念，这从大方向来说没有任何问题，但如果仅以地形适应性这种说法作为概念则过于宽泛和空洞。所以，上述说法还需要深入挖掘以使理念更为明确。

3. 创新性

创新性在建筑上的体现主要有两种：一种是原始性创新；另一种是组合性创新。原始性创新就是以前从来没有这样的做法，例如从古典建筑发展到现代建筑就可认为是原始创新。但这种工作属于开拓性贡献，一般人难以达到，像很多大师级建筑师所做的工作。包括一些新结构、新材料的发明创造，例如柯布的多米诺结构体系和弗雷·奥托的膜结构（图4-3）等。而组合性创新简单说是把已有的东西进行重新组合而具有新的功能或效果，这也是突破常规的地方。例如蓬皮杜艺术中心，原本设在室内的管道和交通空间都被拿到了室外并充分地表现出来，和常规做法完全倒置，这种思路对建筑来说也是非常好的创新，但也是非常难而且有风险性的。

对普通学生来说，要求完全有自己的创新是不现实的，如果能结合设计任务的情况，从一些优秀案例中借鉴其处理问题的方法并恰当为己所用已经非常不易。但应注意的是：借鉴应用的是其方法而不是具体做法，否则就会变成抄袭了。

4. 贴切性

对关键问题只提出新颖的解决方案还不够，解决方案还应是合理贴切的，也就是说是有针对性的。很多设计理念虽然很新颖，但和设计项目的贴合度不高，并不适合这个项目，就让人感觉是生硬或是后加的，这也是拿来主义容易出现的问题。我们首先都要树立这样一个准则：即必须找出最简单、直接的办法，去解决项目的实际问题。例如密斯的范斯沃斯住宅和藤本壮介的 house NA，他们都探索了建筑的透明性并塑造了全新的空间形象，在关键性和创新性上没有问题，但显然和居住建筑需要的安全性和私密性不够贴合，也就是贴切性上不够，可能更适合公共展示类建筑，因此不受业主欢迎也在所难免（图 4-4）。

图 4-3　慕尼黑奥运会膜结构的场馆

图 4-4　house NA（创新性不代表适用性）

5. 抽象性

前面虽已明确解决策略的四项原则要求，但最后还有个提升、拔高的环节，就像确定文章题目一样，好的题目能起到画龙点睛的作用。因此还需要提炼出一个新颖、含蓄而有意蕴的名称，名称忌太大、太空泛和落入俗套，而应确切、精炼和生动。这种经过抽象提升后的解决策略也就形成了所谓的设计理念。

在思考问题答案的过程中，有些问题虽然比较关键，但比较实（例如一些常规的功能、技术问题），经过简单分析即可得到答案且答案具有共性和普遍性，因此很难有特色和亮点，这必然难以形成理想的设计理念。有些问题比较虚（例如一些文化、艺术、精神方面的问题），难以轻易找出答案，也不能直接形成理念。所以各种情况都需要深入思考，多方借鉴寻找答案。

4.2

设计理念的来源及生成分析

优秀的建筑不只是在某一方面优秀，而是在做好各方平衡后在某一方面或几方面有突出的特色或亮点。特别是大型复杂性的建筑，单纯某一方面的突出很难做到从大量方案中胜出，而必须要达到前面所说的"情理之中，意料之外"的标准，其中最关键的就是"意料之外"。因为"意料之外"代表的是设计理念，只有理念才是设计的灵魂。

由于建筑设计的综合性、复杂性和社会性，设计概念的来源也多种多样，从哲学、文化、历史、社会到地形、气候、环境，再到功能、材料、结构、技术等层面，都可能成为概念的来源，而关键是是否有思考的头脑和观察的眼睛。

如果从思考角度分析，设计理念的生成大概分为两大类：一是常规角度切入；二是非常规角度切入。常规角度包括前面提到的环境、文化、历史、功能、造型、技术、使用者需求等，非常规角度又包括逆向思维和其他学科借鉴等思路。

4.2.1　常规角度切入

1.环境角度

从环境角度切入是方案设计首先应考虑的。但由于环境涉及的范围很广，所以在具体的角度方面又可分为以下几种。

（1）从地域性角度　建筑首先是具有地域特征的，所以这种角度是最常用的理念来源方法，也是最先需要考虑的角度。但由于地域性涵盖内容非常多，所以介入点也不是完全固定的。

1）基本特点。这种理念来源的主要特点是在充分调研项目的地域特征基础上，挖掘出能代表项目所处地域的特色元素，再进行抽象加工，从而建立和地域的联系并形成设计的理念。特别是传统建筑特点比较鲜明的地区，例如我国江南地区和一些少数民族地区，从中提取出特色形式、形体、空间或院落布局等元素在新设计中进行现代形式的重新演绎，更是首先考虑的角度。这种方法比较适合重要的文化、纪念、展览、体育等反映地域特色的标志性公共建筑。

由于这种建筑类型的重要性和复杂性，一般都需要和其他角度结合进行思考。

2）主要解决思路。对挖掘出的元素进行加工一般有两种方式：即抽象化方法和具象化方法。

抽象化处理方式就是对提取的元素或物质实体进行抽象加工以重塑其实体形态，这种意象化处理的方法能形成建筑的某种地域特征或文化象征，引起观者的联想和共鸣。成功的案例如上海金茂大厦：设计师借鉴中国传统古塔的印象，而用现代手法和语言表达出来以体现中国特色。另外像世博会中国馆也是从传统建筑构架意象中提取出形式，既有传统建筑意味，但又明显是现代形式。这种方法对设计者的要求较高，做得不好，抽象就会变成具象的处理方式。

　　还有一种较为简单的具象化处理方式：即寻找出当地一种代表性的实体物质形态，而采用具象化的建筑表达方式。例如取意古代的鼎、铜钱、乐器等形式的具象建筑比比皆是，但由于这种具象化的手法较为直接，缺乏联想、趣味和针对性，越来越不容易被大众接受。

　　3）典型案例

　　● 丽江博物馆竞标方案

　　丽江博物馆是一个典型的反映地域特色的项目，方案投标单位是清华大学建筑设计研究院、华南理工大学建筑设计研究院和同济大学建筑设计研究院，三家单位基本代表了国内大学的最高水平。他们的策略反映了从不同角度和方向对地域性的思考，也代表了三种不同的应对方式：协调、对比和中间状态（图4-5）。

图 4-5　丽江博物馆三种不同的地域性体现方式

　　清华方案：一种典型的根据建筑所处环境和地形提取元素进行抽象化处理的方式。即采用山形＋地貌的概念生成方式。山形意象直接抽象形成建筑屋顶剖面轮廓，三条屋脊代表了三江并流，选择银白色的金属作为屋面材料则是为了和雪山相呼应。但这种方法整体上还是属于具象化的范畴。

　　华工方案：通过挖掘历史资料中徐霞客对丽江的印象"居庐骈集，萦城带谷""民房群落，瓦屋栉比"作为设计的起点。以丽江传统建筑形式作为设计的风格，采用的是和环境协调处理的方式，也是最常见和稳妥的中规中矩的方式。

同济方案：完全是一种对比化的处理方式。以云（云南、云上、云下）、水（因水得名、顺水得城、引水得生）、间（城市性、在地性、进化性）三者之间作为理念来源。方案形式上和地域性并未有直接联系，属于抽象化处理的类型。

● 济南奥体中心和山东省美术馆（分别由悉地国际和李立设计）

这也是两个从不同角度反映地域特色的项目。两个作品虽然功能不同，建筑形态、规模、位置差别巨大，但也有共同特征：需要反映济南的地域特色。从最初的方案创意和最后的建成效果来看，虽然两个项目采用了不同的出发点，从不同角度体现济南的地域特征，但最后的效果还是得到了大家的认可，设计理念是贴切的。

例如济南奥体中心是从济南的市花（荷花）、市树（柳树）出发，提出"东荷西柳"的设计理念：即沿经十东路南侧由东到西分别布置体育馆和体育场。其中"东荷"是东侧的体育馆，采用较为具象的荷花变形体，这是容易想到的处理方法。但如何体现"西柳"是较为困难的，设计师提出一个较为巧妙的方法：从柳树中提取"柳叶"这一基本元素进行抽象变形处理，作为体育场的外表皮构件重复排列，使原本较为常规的体育场形体具有鲜明的地域性特征（图4-6）。

山东省美术馆的建筑形态第一眼看上去不易理解，但如果了解其设计理念则恍然大悟。设计者采取"山、城相依"的理念，主要是受到济南南山北城的城市空间特征启发：即泰山余脉在南部与城市平缓交接，而北部则是老城城墙，形成泉城南山北城的特征（图4-7）。

图4-6　东荷西柳全景及西柳局部

● 金陵美术馆（刘克成设计）

金陵美术馆也是一个从周围建筑环境中提取元素利用的案例。此建筑由工业厂房改造而成，重点要解决两个问题：一是原有建筑体量和形式与周围环境格格不入；二是内部建筑空间性质的改变。建筑师采取的应对措施也是两个：立体街巷和立面消解。立体街巷就是把周围街巷的尺度、做法应用到内部空间的划分和梳理上；立面消解是把周围小尺度院落组合的屋顶空间形态应用到立面设计中，就像江南民居屋顶形态的垂直化抽象重现，既达到了与周围环境的协调，又是一种现代方式的创新（图4-8）。

● 夏雨幼儿园（大舍建筑设计事务所设计）（图4-9）

幼儿园位于江南水乡的一条小河边，塑造具有幼儿园特点并与周围环境协调成为设计的关键问题。设计者的应对方式不是在形式上，而是先确定建筑的边界以隔绝外部嘈杂的

图4-7 山东省美术馆外观

图4-8 金陵美术馆

图 4-9 夏雨幼儿园外观

环境，然后把江南园林的内向性和自由的游园交通路径引入设计中，塑造了一个既具有传统园林空间意味又和幼儿园性质相符合的新颖形式。

另外隈研吾的中国美院博物馆是从传统山地建筑重重叠叠的屋顶轮廓提取意象，李兴刚的绩溪博物馆、原作工作室的范曾艺术馆和王澍的建筑等也都是对传统建筑意象的现代演绎；刘克成的大唐西市博物馆则是从传统城市棋盘状布局结构出发提出的意象。

（2）从气候角度

1）基本特点。这种理念来源是在分析建设用地气候环境的基础上，寻找出适合地域气候特征的建筑应对办法。尤其是在绿色设计理念盛行的当下，这种做法适合所有地区，但更适合气候特点比较鲜明的地区，例如沙漠地带的干热气候、亚热带沿海地区的湿热气候或者寒冷气候，一般也是和其他角度结合进行。

2）主要解决思路。充分考虑项目所在地的气候特征，发现本地区气候对建筑存在的主要影响，通过应用现代绿色技术并结合当地传统做法梳理出能应对气候特征的设计策略和主、被动式技术，以达到对气候的适应和利用。典型代表一是建在城市环境里应用高技方式的格雷姆肖和福斯特的作品；二是建在乡村环境的低技术的应对处理，例如埃及的法赛和印度的柯里亚等的作品；三是量大面广的中低技术作品。

3）典型案例

● 巴哈尔塔（Aedas 事务所设计）

项目位于阿联酋阿布扎比，是由两座 29 层的圆柱形办公建筑组成，由于其独特的形象而被戏称为"大菠萝双子塔"（图 4-10）。因为地处炎热干燥的阿拉伯地区，所以设计的重点是如何体现建筑的地域性和解决炎热气候（遮阳、隔热、通风）问题。

图 4-10　形体和表皮的气候适应性设计

建筑的圆柱形形体来源于传统伊斯兰建筑的几何形体做法和仿生学原理，同时圆柱式形体既能在表面积最小的情况下产生最大的体积，也能提供高效的平面使用空间。表皮则主要由三层构造构成：内层为玻璃幕墙，中间层为空气层，外层为可开阖的六边形遮阳单元组合。建筑师从传统称为 Mashrabiya 的木格子窗做法中受到启示，设计了外层这种新型的伞状动态遮阳结构。

● 南丹麦大学科灵校区（Henning Larsen Architects 设计）（图 4-11）

设计以适应气候的动态立面和等边三角形平面为特点，创造了科灵校区在城市中的一个非常明显的新的存在。

建筑外立面配备了智能动态遮阳系统，主要为了适应每年和每天随时变化的光线和能量。遮阳系统可以根据特定的气候条件和用户模式进行调节，以提供最佳的光线，形成舒适的室内空间环境。遮阳系统由 1600 片三角形的 3mm 厚穿孔钢百叶窗组成，它们以特定的方式被安装在外立面，配有光照、温度传感器的遮阳系统通过小型电动机进行调节，使它们能够适应不断变化的气候，并控制光线和热量的流入。而随着百叶窗开闭状态的不同，这些银灰色间隔部分鲜艳色彩的穿孔钢片形成了极具表现力的外观。

● 澳大利亚某夯土墙建筑（The Great Wall of WA）（Luigi Rosselli 事务所

设计）（图 4-12）

　　此建筑是应对当地亚热带气候的低技术处理的代表。覆土屋顶和 450mm 厚的夯土墙面设计使建筑具有极好的热工性能，确保住宅内部空间在炎热的白天仍能保持自然凉爽。锯齿状的外墙既呼应了外部地形，也保证了每户使用的独立性。而匍匐的形体和当地材料的应用也使建筑和周围环境完全融为一体。

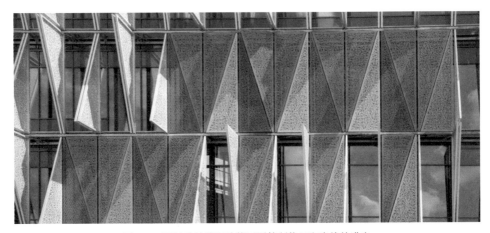

图 4-11　可转动的遮阳片能灵活控制能量和光线的进出

图 4-12　低技术处理应对了
当地环境和气候

（3）从特殊历史环境角度

1）基本特点。这种概念来源的主要特点是项目建设用地环境较为特殊，处于历史街区、重要地段位置或是历史文物建筑附近，外部环境极为复杂，甚至新建建筑就是历史文物建筑的一部分，所以处理好与外部历史环境的关系是关键，但常规思路又难以有效解决，需要提出让人耳目一新的解决方法。很多标志性、重要性的建筑都属于此类，例如卢浮宫扩建、华盛顿国家美术馆东馆扩建和中国国家大剧院等。

2）主要解决思路。这种类型项目的困难或者关键问题明确而突出，设计目标也非常明确：就是要做到与外部环境的完美协调、统一。但解决方式一般没有成熟的套路，同时还难以取得公众认可，这就对建筑师提出了较高要求。建筑师需要在精心分析现有环境关系基础上，在建筑体量、尺度与周围环境统一的基础上，采用现代简洁形体和弱化自身体量（虚化和增加地下空间利用等方式）的处理方式来达到消隐的作用，并与现有建筑环境形成强烈对比，反而能取得意想不到的效果。

3）典型案例

● Nembro 小镇图书馆扩建（Archea Associati 设计）（图 4-13）

原图书馆是一栋始建于 1897 年的古老建筑。新建建筑的设计策略主要包括两部分。情理之中的策略：一是在布局方面，作为其中一翼，与老建筑共同构成四合院布局，但又保持与老建筑的分离；二是在建筑高度上面与原有建筑保持一致；三是建筑色彩和现有建筑屋顶相同。意料之外的策略：一是大部分扩建内容放到地下，地面上只留下极简主义的长方体；二是形体表面采用复杂的、胭脂红的釉面陶瓷砖构造，与老建筑的古典气息形成鲜明映照；三是自由旋转的表皮百叶让人联想起翻飞的书页，使建筑形体变得虚化和光影丰富。上述处理使整个建筑宛若一栋巨大的当代雕塑，与古老的环境反差强烈，形成了一个标识性的符号。

● BETWEEN CATHEDRALS（Campo Baeza 设计）（图 4-14）

BETWEEN CATHEDRALS 周围环境是古典教堂建筑，前面开口朝向大海，建筑师以轻巧、纤细和纯净的白色架空体量插入到周围厚重的历史建筑中间，既遮蔽保护了地面上的遗迹，也隔绝了道路上的噪声和视线干扰，另外还通过极简

图 4-13　新旧建筑的对比式协调

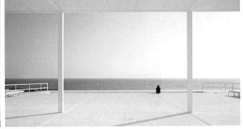

图 4-14　在厚重的历史环境中塑造了一种空寂氛围

主义的处理使其与周围环境形成强烈对比，产生一种纯粹、静寂的意境氛围。

● Leon Municipal Funerary Service（BAAS 事务所设计）（图 4-15）

西班牙莱昂市殡仪馆位于居住小区内，特殊的建筑功能需要和周围建筑保持距离。建筑师采取消隐式方式，把功能全部放置到地下，地表上只有 5 个手指状入口空间和大片的绿化、水面环境，使原本避而远之的地方成为小区的环境中心。

另外像尼姆现代艺术博物馆（福斯特设计）、波兰什切青新爱乐音乐厅和里尔博物馆扩建设计也是经典的类似案例。和 Nembro 图书馆扩建的设计思路基本一致：没有采用传统形式，而是采用现代简洁的虚化形体，且大部分扩建内容都放到地下，但在建筑高度、宽度等方面和已有建筑都有较好的协调。而什切青国家博物馆（KWK PROMES 设计）则是采用把主体内容埋入地下的方式来弱化自己的存在，既保证了整体环境的完整，又提供了公共空间。

（4）从地形角度

1）基本特点。这种项目的关键问题也比较明确，解决方案具有一定的难度。项目的主要特点是具有标志性需求，同时项目建设用地也处于较为重要的环境中，

图 4-15 消隐式处理使人们忘却了它的存在

但限制条件不像特殊历史环境那么严苛；或者所处地段虽不太重要，但用地形状较为特殊；或者用地的地形、地势变化非常大；或者周围有重要的景观需要考虑；或者是已建建筑的扩建。常规思路难以有效解决，也需要具有较强针对性的解决方法。

2）主要解决思路。这种项目的解决方式一般采取和地形特征相适应的处理方式，如果处于较为重要环境，还要明确建筑的角色定位：是隐藏还是突出？是顺应还是变革？是轻盈通透还是厚重沉稳？是继承还是创新？是高调介入还是谨慎谦逊？显然，不同的环境状况其定位也是不同的，但只有明确了这些问题，才有可能提出恰当的解决方案。

例如位于地形高差变化大的用地里的建筑一般采取分散隐藏的姿态（分解体量或者覆土处理），而位于水边环境则一般采取高调的形象，如果是扩建建筑一般采取与原有建筑统一的做法。对于地段较为重要的用地，在寻找与环境特征密切的元素基础上，提取出能充分反映所处环境特征的关键元素，并制订出相应解决方案。而对于处于非常特殊的地形、地貌特点的用地以及与扩建现有建设环境，做好与地形和现状条件本身的协调处理是关键。

3）典型案例

● 广州白云会议中心（BURO II 设计）（图 4-16）

广州白云会议中心用地处于白云山旁，其建筑性质和周边环境决定了其本身的重要地位和标志性要求。建筑师采取谦逊低调的处理方式，通过五个平行的条状体块建立了城市与远处白云山的视觉联系，并通过本土材料的应用达到与地域性的统一。

● 法国蒙特利尔人体博物馆（BIG 事务所设计）（图 4-17）

博物馆用地位于公园旁边，如何创造出与众不同的体验是设计重点。建筑师将八个不同功能空间根据流线分为前后两排，两排水滴形空间环环相扣，如同手指交错、咬合相嵌在一起，创造了一个连续而富有诗意的空间。而屋顶则以不同的坡度延续到地面上，使得参观者可以沿连续而起伏的屋面蜿蜒而行，并能在不同高度体验公园和城市的美景。

图 4-16　特殊的景观联系需要造就了特殊的形体布局

图 4-17　交错起伏的形体处理能同时观看城市和公园的景观

● 西班牙阿斯图里亚斯公寓及酒店（ Longo Roldan Arquitectos 建筑事务所设计）

建筑用地处于优美的山地环境中，为了降低对环境的影响，使建造的建筑完全能够适应这种特殊的地形，再创造出类似原本山地的形状，建筑师采用匍匐式的消隐处理使建筑融入阿斯图里亚斯区的乡村风景之中，产生建筑与景观共生、共融的模式，也使居住者具有一种非传统的入住体验，同时覆土绿化屋顶也使建筑的绿色、节能效果显著（图 4-18）。

其他著名的案例还有：例如位于水边环境的迪拜帆船酒店、悉尼歌剧院、广州歌剧院、珠海大剧院、北京日出东方酒店、湖州月亮酒店等；位于山边环境的六甲山住宅、水御堂（安藤忠雄设计）、瓦尔斯温泉浴场（卒姆托设计）、BergOase 温泉屋（博塔设计）、威尔士国家植物园、新加坡南洋理工大学艺术设计媒体学院和韩国首尔梨花女子大学等；沙漠环境中的准格尔旗黄河召主题酒店（破土而出的砾石形象）（三磊设计）。

（5）从自然界角度

1）基本特点。自然界里很多自然现象、景观或者生物体也会成为设计理念的来源。这种长期进化和自然选择的结果使自然界的物体具有优美的形态、自然适应性和功能、结构的合理性。很多仿生建筑就是受此启发，结合生物学、美学和自然界中的科学规律，通过模仿自然界中生物的形、性、行等特征来作为设计

图 4-18　起伏的绿化屋顶是对山地地形和景观环境的呼应

的出发点。

2）主要解决思路。这种思路的得到可能和建筑本身并未有必然联系，就是通过借鉴场地环境里自然界中某些自然现象或者生物的一些形态、性能、行为、生活或生产特征，经过加工、提炼应用到建筑设计中。

3）典型案例。包括台湾高雄卫武营艺术中心、Tod's 旗舰店、向日葵住宅、爬虫住宅、美的总部大楼景观设计、银川当代艺术美术馆等。

● 台湾高雄卫武营艺术中心（Mecanoo 建筑事务所设计）（图 4-19）

卫武营艺术文化中心的设计灵感来自于当地榕树群构成的孔洞空间意象。那些粗壮的树身、盘根错节的气须以及繁茂的树荫，共同形成的虚实空间，成为建筑师心目中对艺术中心内外穿透并具有呼吸与流动感的设计构想。同时通过"形"的借用自然构成了艺术中心方案起伏的屋顶和下面内外相互穿透的空间设计，并达到与地景地貌的充分融合。

● 美的总部大楼景观设计（土人设计）（图 4-20）

这是一个岭南传统大地景观"桑基鱼塘"以现代景观语言的典型演绎，也是当下回归乡土景观形式与本土美感意境的成功尝试。设计师通过传统桑基鱼塘的肌理产生设计概念，用栈桥、道路、水景与庭院等实际功能体块勾勒出"桑基鱼塘"的网状肌理，不仅让人体验到现代园林的生动丰富，使人产生记忆与联想，更是设计师对城市化造成土地丧失带来的归属感缺失的思考，以及对区域文化、生活

图 4-19　形体生成反映了场所内的自然界现象

及当地自然环境关系尊重的态度。

● 上海自然历史博物馆（帕金斯威尔设计）（图4-21）

建筑设计理念受到鹦鹉螺这种自然界最纯粹的几何体启发，既有螺旋升腾的上升感，又有一个核心可以组织内部的交通流线。由于地面高度的限制和融于自然的要求，博物馆2/3的面积都处于地下。这种做法一是很好地处理了城市与建筑的关系，自然的螺旋形态让博物馆仿佛从地上生长出来，呼应了博物馆的性质；二是使建筑不生硬介入，不打断周围环境的延续性。

而中心庭院四周的植物细胞壁形状的多孔外墙结构、东部的植被活体墙和北部的石墙、峡谷壁都暗示了与自然的关系。

● BergOase温泉屋（博塔设计）（图4-22）

项目位于瑞士山区，建筑布置首先完全按照山体倾斜角度来设计，将建筑主体嵌入地面之下，地表上仅留下几棵钢架玻璃结构的"发光树"隐映在周围的树木之间。这样既使建筑减少了对外部优美环境的干扰，塑造出一种宁静、闲适的氛围，同时还与环境建立了融洽的联系。

图4-20　场所传统大地景观的现代呈现

图4-21　动物形体也是仿生的对象

图 4-22 发光树的形体明显受周围树林的启示

2. 文化、历史角度

（1）基本特点 主要针对具有鲜明文化或历史特征的项目，从文化、历史角度深入挖掘和项目建设方有关的文化、历史方面的信息，从而建立和项目的联系并形成设计的概念。这种方法适合重要的文化、纪念、展览、办公等建筑类型。一般和其他角度结合进行。

（2）主要解决思路 和地域性有点类似，这种做法主要是根据项目建设方特征和项目性质，充分挖掘项目的地域、民族或企业文化特色，或者是具有代表性的历史故事、事件，寻找出能和项目产生关联的元素，再进行抽象、提炼加工发展为设计方案的内涵。其中的关键是挖掘、提取的元素是否具有贴切性，避免生搬硬套和表面化。另外对于反映历史事件的纪念性建筑，采用雕塑感强的造型来营造厚重、庄严的氛围也是常用的手法。

（3）典型案例 历史方面案例有铁轨上的城市等；人物方面有蓟县于庆成美术馆（张华设计）；军事题材方面包括甲午海战纪念馆、侵华日军第 731 部队罪证陈列馆、南京大屠杀纪念馆扩建、柏林犹太人博物馆；文化方面有陕西富平国际陶艺博物馆设计（刘克成设计）等。

● 铁轨上的城市（Jagnefalt Milton 设计）（图 4-23）

设计者认为，未来的城市和建筑并不是永久性的，所以他们的方案不是建造固定的传统居住社区，反而小镇在石油工业繁荣时期留下的铁路轨道成了方案的

切入点和灵感来源。这些铁路线不是
被拆除，而是被充分利用，并通过与
建筑结合转化为一种新的移动建筑系
统，能随着季节和需求的变化在铁轨
上移动。这样，原本固定的建筑类型
就变成住宅、宾馆、娱乐、展览等不
同功能的流动体。

● 南京大屠杀纪念馆扩建（何
镜堂设计）（图 4-24）

作为典型的反映历史事件和扩建
的建筑，如何反映主题和与原有建筑
及城市的协调是需要解决的关键问
题。设计师由东到西依次以战争、杀
戮、和平三个概念形成设计的总体构
思，这使扩建部分与原有建筑就成为
一个完整的空间序列。而在关键的体
现"战争"主题的纪念馆建筑形式上，
采用了埋入大地的"断刀"的处理方
式，隐喻了失败的最终结果。空间从
东侧的封闭、与世隔绝过渡到西侧的
开敞，达到与城市、自然融为一体。

● 瑞典维克 Sodra 网球中心方案
（David Tajchman 设计）（图 4-25）

图 4-23　对遗存的利用延续了城市的历史

图 4-24　具象的形象能引发对历史事件的联想

这是反映企业文化和性质的案例。Sodra 是瑞典一家木材公司，该方案利用
当地出产的木材作为建筑的结构和外部表皮。外层的木质格栅采用不同厚度的木
片水平叠放，暗示企业工业化的木材干燥、存储方式；格栅表皮上设置"眼睛"
形状的洞口，其灵感来源于木材自然形成的节疤。木结构除作为立面表皮材料外
还作为楼板材料，都是为了表达项目所属的木材加工企业的性质。

图 4-25　立面处理暗示了企业的性质

3. 功能角度

（1）基本特点　这种概念来源的主要特点是针对特殊、复杂的功能性建筑（医院、法院、火车站等）而提出新的解决办法，或者是常规建筑功能，通过植入新的思想而改变原有功能布局形式，从而形成设计理念。适用功能性较强的建筑类型，一般在平面功能设计上有较大创新。例如某些创新性住宅设计、世博会建筑、火车站、医院、图书馆建筑等。

（2）主要解决思路　根据分析现有做法存在的矛盾和问题，通过植入新的思想或理念，打破常规设计做法，提出一种全新的功能处理模式。例如医疗建筑作为一种复杂的建筑类型，其功能组织布局是设计的核心。早期的设计在流线组织方面较为简单，而随着大规模医院的出现，医疗街的设计理念开始引入，从而使大型医院的功能布局较为清晰、流畅。高铁站站房也是一种典型的功能创新型建筑。这种设计明显借鉴了航空港的候机大厅设计理念，但应用到车站建筑中还是较为新颖的。库哈斯的西雅图图书馆也是打破了常规图书馆的分类和空间组织方式，塑造了一种全新的阅读模式。另外对住宅建筑也有很多新的探索：有从提升房间灵活性角度的设计，也有从加强邻里关系角度（例如布鲁克林第一街 251号公寓），有从加强与自然联系角度的作品（像 big 的 The Mountain、森林城市及王澍的钱江时代等），还有探索封闭性或通透性的居住模式角度（安藤忠雄的住吉长屋、藤本壮介的 HOUSE 系列）。

（3）典型案例

● 布鲁克林第一街 251 号公寓
（ODA 纽约事务所设计）

项目最大的特色是其上部梯田式
的平台空间，这种退台式处理是为了
解决城市高层居住环境冷漠的邻里关
系和缺乏户外活动空间问题，除了能
带来更多的户外空间和更好的邻里互
动外，还为这些住户在城市环境里提
供了很好的观景体验及光照效果。这
种简单而有效的空间组织形式，提升
了居住生活的品质（图 4-26）。

● 富士幼儿园（手冢事务所设
计）

富士幼儿园被国际经济合作组织
（OECD）评选为世界上最优秀的教
育建筑。这个"无终端、无墙壁、无
阻隔"的环形建筑在功能处理上打破
了传统幼儿园独立教室的做法，产生
了自由开放的氛围，对于培养孩子们
的好奇心、自信心、主动精神、与人
交往的能力无疑有巨大促进作用（图
4-27）。

● The Mountain（BIG 建筑事务
所设计）（图 4-28）

项目的最大成功之处在于将两个
截然不同的空间——象征现代城市生

图 4-26 设计探讨了高层居住的邻里关系

图 4-27 新的功能布局代表了教学理念的创新

图 4-28 山形的形态是对功能的创新组织结果

活的停车空间和象征自然生活的田园住宅以一种意外的方式结合起来，创造了一个别致而有趣的立体居住群落。任务要求场地面积的2/3用于停车，1/3作为住宅。住宅位于停车场之上是常规做法，可是打破常规思维的是两个空间的结合方式：对停车场空间进行拉伸处理后得到一个有充足日照、通风和视野的人造斜向平台，正好满足居住的需要，另外还能实现停车和居住的就近要求，同时逐层跌落的建筑屋面又成为上层住户的活动平台，使每户都有一个开阔的室外空间，实现了郊区生活与城市密度的共生。

● house N（藤本壮介设计）

此住宅设计在很多方面都和常规居住建筑不同：没有明显的室内外界限，开放的内部空间，小型化的空间尺度，多层次的通透表皮。这些不同造成和传统住宅固定的生活模式反差强烈，创造了一种随时在变化的全新生活场景。另外通过加入过渡空间，营造出外中有内、内中有外的意境。虽然这种做法引起很多质疑，但藤本壮介确实提出了另外一种居住可能性并产生新奇的体验（图 4-29）。

图 4-29　新型的居住模式探索

4.造型角度

（1）基本特点　此理念主要是从建筑形式角度切入，目的就是为了塑造具有标志性的建筑。单纯从形式方面的创新是比较困难的，因为建筑作为造型的艺术已经发展了几百年，具有原始性创新的空间已经不多，所以除了部分在结构、材料方面等有专长的建筑大师外，目前主要做法就是对现有手法进行变形和重新应用，适合其他特色不是特别鲜明的建筑。

（2）主要解决思路　从造型出发的思路主要有两种：一种是纯粹为了造型而造型，就是通过采用倾斜、缩放、旋转、扭转、扭曲、转折、倒角、形体变换、形体滑动、挖洞、折叠、链接、仿生等做法，使形体不再是普通建筑横平竖直的形象。但这种做法的理由并非十分充分，较易出现逻辑性以及和环境、功能使用方面的符合性问题。

第二种是先提出建筑体块原型，并根据调研分析得出的关键问题，转化为直接塑造建筑形体和空间的原始动力和操作法则。原型的提出也有两种方式：一是根据环境、地形形状得到基本几何形体；二是直接引用原始形体（例如莫比乌斯环、无穷符号形体等）。另外通过分析项目内在的条件与矛盾或者一些未被利用的潜在条件，形成对基本形体进一步操作的外在动力和逻辑。这些条件可能来自业主的需求，用地条件的限制，日照、景观的要求，法规、技术条件的限制等。

（3）典型案例　第一种的典型代表是以结构创新为主的作品，例如卡拉特拉瓦的系列作品（扭转大厦等）。另外对一些传统建筑风格进行现代手法的创新处理，例如王澍的系列作品、范曾艺术馆、绩溪博物馆、Volksbank Gifhorn 等都是此类代表；第二种的典型代表就是 BIG 事务所和 MVRDV 的作品。

● 扭转大厦（卡拉特拉瓦设计）

扭转大厦一建成就成为马尔摩市的标志性建筑。这座创意性十足的建筑最大的特色就是其优美的扭转形体。造型本身和周围环境、文化历史和建筑功能等并无直接关联，就是体现设计师本人的自然之美、自然之力和运动的设计思想（图4-30）。

● VIΛ 57 West 项目（BIG 建筑事务所设计）（图 4-31）

在本项目中，BIG 提出"庭院摩天楼"的概念，即将公共庭院空间植入曼哈

图 4-30 优美的形体塑造了一种标志性

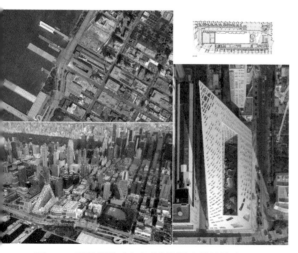

图 4-31 形体操作建立在分析制约条件的基础上

顿的高层城市肌理中，将两种看起来互斥的建筑类型融合在一起，同时重点考虑各公寓的景观和采光条件的外部影响。其具体的转化手段是把传统欧洲围合式庭院建筑作为形体原型，通过对其一角进行拉伸，形成曼哈顿式建筑的超高层体量，满足建设规模的同时保留了相邻的 Helena Tower 朝向哈德逊河的景观通廊。这样，欧洲庭院居住品质、高密度的都市空间、经济性与建筑的公共性和社会性在这里得到很好的平衡。

5. 内部空间角度

（1）基本特点　这种建筑可能处于普通的外部环境，在建筑形式上也没有特别出众之处，但在内部空间上却有突出的特点，通过特色性的空间处理产生难忘而震撼性的空间效果。从空间角度出发具有悠久的历史，典型代表就是古罗马时期的万神庙，在现代则有密斯、路易斯·康的建筑空间。这种做法适合单一类型的大空间或者某种空间占主导的建筑类型，例如宗教建筑、图书馆、博物馆、影剧院、交通建筑等。

（2）主要解决思路　建筑的外部形体一般较为简单，但结合建筑性质和空间特征，通过在空间尺度、空间氛围、空间层次、光线、材料及构造的处理，强化内部特色空间塑造或者加强内外形式的对比来达到独特而震撼的空间体验，并产生让人膜拜的效果。

（3）典型案例

● 基督之光大教堂（SOM 设计）（图 4-32）

基督之光大教堂是一个单一化的特色空间类型代表，其外部形体是向上逐渐收缩的玻璃椭圆柱体。设计理念就是，通过一个椭圆形的内部空间、精彩的光线设计及贴切的材料应用，塑造了一个现代版的诺亚方舟。

● 天津滨海图书馆（MVRDV 设计）（图 4-33）

号称"城市之眼"的图书馆外形简单，但其内部空间极具特色。一颗巨大的

图 4-32 满足精神需求的空间是建筑的灵魂

图 4-33 结合功能的特色空间成为建筑的点睛之笔

发光球体充斥其中，像眼睛一样成为空间的视觉中心。环绕球体四周的阶梯平台逐渐抬升并在顶部渐渐收拢，其和外侧立面相交形成遮阳百叶。这些堆叠的波浪状阶梯像"书山"一样，既是别具一格的书籍陈列和阅读空间，又是通往各处的交通空间，还是观察、反思的休闲空间。丰富的功能和层次构成成就了一个生机勃勃而又独居特色的公共空间，并成为建筑的点睛之处。

除上述案例外，新罗马 EUR 会议中心和酒店（以"云"的空间概念，意大利建筑事务所 Fuksas 设计）、武重义的 Binh 住宅、仙台媒体中心的通透结构空间和卒姆托的系列作品、路易斯·康作品（金贝尔美术馆）都属于此类代表。

6. 技术角度（材料、结构、绿色技术等）

从技术角度产生设计理念在学生阶段来说相比较少，即使对普通职业建筑师来说也有较大难度。但材料、结构等对建筑设计的影响可能是决定性的，这在历史上已经充分被证明。从石材、木材到混凝土、钢材、铝材，从玻璃、塑料到膜材，每一种新型材料和结构的出现都使建筑发生了巨大的进步。可能对于大部分人来说，发明一种新材料是很难的，但对现有材料进行创新应用还是可行的。这要求设计师对材料性能、构造及结构技术有深入研究并形成独到的处理方式。

（1）基本特点　通过在材料、构造、结构或绿色技术方面的创新性应用而产生设计理念，从而形成独到的设计特征。这种做法具有较高的通用性，个人特征也非常鲜明。例如在材料应用上最具代表性的有赫尔佐格和德梅隆、卒姆托（木材、石材、玻璃、土等）、博塔（砖石材料），各种材料都能应用得得心应手和具有新意，而日本的一些建筑师，像安藤的混凝土、坂茂的纸木材料和武重义的竹材料等的应用也都达到了巅峰；在结构技术上的代表人物：老一代建筑大师包括高迪、奈尔维、小沙里宁、富勒、奥托、卡拉特拉瓦和妹岛和世（轻质透明结构）等，年轻一代建筑师有越南的武重义等；在绿色技术上的代表人物包括福斯特、格雷姆肖、杨经文、赫尔佐格等。

（2）主要做法　通过对材料、结构或者绿色技术方面进行深入研究并形成一套独特而成熟的做法。例如在材料方面有新型材料的新型应用，或者是常规的材料进行非常规的应用；在结构方面从创新性的结构表现作为设计的出发点，使结构和形式、空间实现良好结合。

（3）典型案例

● 知美术馆（隈研吾设计）

知美术馆在材料的应用上极具特色，是常规材料进行非常规应用的典型案例。黑色瓦片是就地取材并结合传统工艺制作而成，采用了多元化的表现形式：既有垂直、斜向和扭转的拉结悬挂方式，还有水平搁置的方式。特别是通过金属丝悬吊在空中的间隔式处理制造出轻盈和虚幻的视觉效果，使建筑体量融合、消解到周围环境里，充分体现了隈研吾"让建筑消失"的思想（图 4-34）。

● 漂浮教堂（Gijs Van Vaerenbergh 设计）（图 4-35）

这也是一个典型的通过材料非常规应用达到意料之外效果的案例。通过使用水平层叠的耐候锈钢板构成建筑围护墙和结构，这样，从外部不同角度观看，原本实实在在的建筑逐渐消逝、溶解，最后只留下一个朦胧而虚幻的轮廓剪影。这时，建筑已经转化为一个透明的艺术品。

图 4-34 材料的诗意应用

图 4-35　特殊的构造方式使建筑消失在环境中

图 4-36　模块化体系适应了工业化建造的需求

● HEX-SYS/ 六边体系装配式建筑（OPEN 建筑事务所设计）

此体系是 OPEN 建筑事务所研发的灵活可拆装建筑体系。作为对中国近年来伴随着建造热潮而出现的大量临时建筑的回应，这个可快速建造、可重复使用的建筑体系延长了建筑的生命周期，实现了真正意义上的可持续性。预制化生产和装配式建造，使其像产品一样具备批量生产的可能；而通过模块的不同组合方式，它又会演化出各种各样的版本，灵活适用于不同的场地和功能（图 4-36）。

将结构、机电、外围护和室内装修等全部建造体系整合到可以灵活拼接的六边形的基本单元中，在严谨的几何规则的控制下，单元可以自由地拼接组合。

基本建筑单元是一个大约 $40m^2$ 的六边形模块。倒伞状的屋顶钢结构由位于中央的圆柱结构支撑，空心的圆柱兼作雨水管，可将收集到的雨水用于景观灌溉或者注满庭院水池。三种不同的单元——透明的、围合的和室外的，分别适应不同的功能需求。在一个组团中"缺失"一个六边形，形成内部庭院，为这个工业化建造体系加入有禅意的"留白"。体系里建筑

构件的连接节点都被设计成不用焊接
或者打胶，以便拆卸。

● FPT 理工楼（武重义设计）

越南 FPT 大学理工楼的形体极
有特色，建筑就像由简单的白色长方
体模块堆积而成，波浪形的轮廓线打
破了长方体的呆板，具有丰富的形体
变化，同时其虚实交错的表面又像一
个黑白分明的棋盘，其中凹孔内容纳
着绿植而成为一个绿色的表皮（图
4-37）。

图 4-37　形体及表皮处理建立在绿色设计基础上

由于建筑位于热带气候区，因此设计者采用被动式设计策略来降低建筑物对
主动系统的依赖。一方面采用线性结构以适应当地的主导风向，增加了通风降温
效果。同时，阳台绿植和邻近的湖泊都有助于降低大气温度，减小了通过窗户的
直接热传递。虚实处理又能把充足的自然光引入楼内，减少了人工照明的需求。

国内建筑师在技术应用方面的差距也是越来越小，很多作品也都达到了较高
水平。例如直向建筑事务所在昆山农场采用的穿孔耐候锈钢板、嘉定新城幼儿园
的半透明聚碳酸酯材料应用、宋晔浩的清控人居科技示范楼等。

4.2.2　非常规角度切入

1. 逆向思维角度

（1）基本特点　大部分同学容易出现的问题是设计缺乏思路或思路比较普
通，属于常规思维或思维定式。这必然使建筑落于俗套，缺少新颖性。而逆向思
维能打破原有的思维定式，反其道而行之，往往能得出让人出乎意料、耳目一新
的结果，很多成功的设计都是此类代表。例如密斯的巴塞罗那德国馆设计，其中
的流动空间和墙体、屋顶的结构支撑创立了一种新的建筑空间类型。蓬皮杜艺术
中心也属于典型的这种类型：常规建筑的管线和交通都位于建筑内部，而且一般
都隐蔽设置，但蓬皮杜艺术中心反其道而行之，把这两类设施都拿到外部来，并

有意强调之，使其成为建筑的亮点和特色，取得了意料之外的效果。

（2）主要解决思路　逆向思维的难度在于需要突破自己的惯性（或经验）思维模式，所以放弃已有经验、习惯和传统做法的制约，设定新的思考方向是解决关键。特别是当设计者陷入常规思维的"死角"不能自拔时，不妨使用逆向思维法，能有助于克服这一障碍。

一般是通过提出与常规结果、方法和观点相反的做法，来作为设计的目标反推设计的过程。例如常规建筑是固定的静态建筑，那可以思考能否做动态可移动的建筑设计；常规建筑是设备管线隐蔽在建筑内部，那能否可以把它设置在建筑外部；常规与环境协调的方式是统一式协调，但也有很多成功的对比协调案例。上述这些都是典型的逆向思维模式，但这种思路容易走进两个极端，既有可能取得巨大成功，同时也存在一定的风险性。

（3）典型案例　代表性案例包括萨拉戈萨数字水展馆、仙台媒体中心、蓬皮杜文化艺术中心等。

● 萨拉戈萨数字水展馆（麻省理工学院设计）（图 4-38）

萨拉戈萨数字水展馆颠覆了传统建筑固定的静态模式，也是有史以来第一座外墙由数字水幕构成的建筑。建筑外墙是一圈能智能控制开合的"水墙"，当传感器感应到某个不断靠近的物体时，就自动关闭水幕以便让其通过。例如当观众从外面靠近水墙时，计算机传感器会自动改变水流形状，"水墙"上就会出现一道门，观众穿门而入之后，控制装置则会将"水门"关上，这样参观者可从任何地方随意地进出场馆。"水墙"还是一个巨大的"显示器"，图像和文字可在水墙上清晰显示。更使人惊叹的是，这栋建筑可以在顷刻间消失不见，因为支撑屋顶的柱子在活塞的推动下可使屋顶迅速下降，这样屋顶可以从 4.8m 的高处迅速降至地面内，将建筑完全开放出来。

● 仙台媒体中心（伊东丰雄设计）（图 4-39）

此建筑采用的新型结构技术打破了普通建筑承重结构的实心、坚固、封闭和不通透的形象。建筑师把传统梁、板、柱的结构体系简化为板、柱体系，同时把垂直结构柱变化为自由的透明管筒，和室内空间完全复合一起，还能引入自然的光线和空气，使建筑内部更加无边界化，更加具有流动性。这些空心管筒既是结

图 4-38　现代技术为人与建筑交互提供了可能

图 4-39　新型结构技术打破了空间的封闭性

构，也是交通和管道的藏纳之处，同时也是光线的通道，成为大自然渗入内部空间的视觉焦点。

2. 其他学科借鉴角度

（1）基本特点　根据建筑性质和特征，从其他学科吸收、借鉴一些原理、做法作为设计的理念、特色的来源应用到建筑中。

（2）主要解决思路　根据其他学科某一方面的知识、原理或者形象，结合建筑的实际需求进行演绎，特别是从数学、物理学、生物学、植物学和化学等理论中吸收寻找，像数学上的莫比乌斯环、无穷符号、拓扑和生物学中的骨架结构、细胞等都会成为建筑师的灵感来源。但需要注意选择应用的理论或形象应和建筑性质有较好的符合性。

（3）典型案例

● D. DHAUS 住宅（David Ben Grünberg，Daniel Woolfson 设计）（图 4-40）

设计的概念受到英国数学家亨利·杜德尼一个数学发现影响：把一个正方形划分为四部分可以变换成一个完美的等边三角形。建筑师戴维·本·格林贝格和丹尼尔·沃尔夫森把这个发现应用到建筑上来实现一个变化多端的方案设计。他们认为建造具有适应性和变化的建筑是一种可持续的生活方式，而且这种高科技动态房屋可以建在世界任何地方，也可以适应任何气候。

● 海藻屋（Arup + Splitterwerk architects 设计）（图 4-41）

2013 年建成的 BIQ House 是探索生物技术和建筑结合的设计理念，是藻类与建筑结合应用的一个试验性建筑，也是一个面向未来、通过微型藻类发电的建筑。

图 4-40　数学成果也能成为理念的来源

图 4-41　生物技术使建筑成为能源工厂

建筑西南和东南面是由特殊设计的"微生物反应器"构成。"微生物反应器"为双层中空玻璃窗，内部是由具备气候适应能力的藻类组成。设计者希望通过这种藻类生物反应器在建筑上的应用，使建筑既能生产能源，也能提升建筑的遮阳、隔热和降噪效果，使建筑变成城市能源系统的一部分。

● "Baubotanik"塔（路德维希・费迪南设计）（图 4-42）

"Baubotanik"塔是第一个活态植物建筑作品，是把活体树木作为建筑结构从而实现两者有机结合的尝试。设计师受到古老的树木塑型艺术的启发，综合建筑学、结构工程学和植物学等学科的相关知识，通过利用相关技术和植物的特性进行整合，使正在成长的多棵树木幼苗构成一个有机整体，再经过生长后形成建筑的承重结构，从而形成一种全新的建筑类型和建造方式。塑造了一种绿色、动态和具有生命力的活态建筑形式，使树木与建筑具有非凡的创新结合和独特的趣味体验。

图 4-42　Baubotanik 塔（植物直接参与建造）

● 阿斯塔纳国家图书馆（BIG 建筑事务所设计）（图 4-43）

建筑造型实现了现代性与地方性的有机结合并具有一定的象征意义，传统的拱形、圆顶帐篷和圆形大厅与数学上的莫比乌斯环进行了创新性整合。产生的圆形整体布局、圆形庭院、拱形入口和帐篷式的边界形状都暗示了本土的记忆，创造出一个新的国家标志物。连续的线性空间也和功能有良好结合，而并非单纯形式上的应对。

图 4-43　莫比乌斯环的应用
（阿斯塔纳国家图书馆）

4.3　设计理念的呈现类型

对上述理念的呈现方式进行总结，又可以分为两种类型：具象化呈现和抽象化呈现。

4.3.1　理念的具象化呈现

理念通过具象化呈现是应用最多的一种，即和具有明确形态意象的物体结合（例如植物形态、动物形态、自然形态、地貌、景观、文化器物、民族器物、文化符号等）体现设计的理念（附录二）。很明显，这种方式用得多的原因一是适用范围广，二是比较容易转化，也容易引起共鸣。特别是和项目本身结合紧密的概念（符合前述的理念判定原则），更容易得到大家的认同。学生时期更应向此侧重，这样可能更易于转化落地和操作。但需要注意的是：过于具象会造成缺乏联想反而效果不好，像一直被诟病的直接模仿福禄寿、酒瓶、冰壶、甲鱼、铜钱、乒乓球等具象的建筑形象比比皆是，比较理想的是在似像非像之间。

4.3.2 理念的抽象化呈现

抽象化呈现则是针对从宗教、文化、哲学或数学层面思考形成的理念类型。这种方案在形式上并不进行具象化处理，而侧重环境和空间氛围的塑造，重点强调精神、情感层面的寄托。如果不仔细研读可能很难想到前期理念和最后结果的关系，因此设计和理解这种建筑都有一定难度，所以适用范围有一定限制，更适合一些纪念性建筑类型，例如柏林犹太人博物馆、波兰村庄殉难者陵墓等。

4.4
设计理念生成的训练

4.4.1 多参考、借鉴优秀案例

设计理念的形成不是天生就具备的能力，尤其是意料之外的、创新性的理念不是简单就能获得的，而是和个人的积累、视野紧密相连。所以从优秀案例中借鉴解决问题的经验对扩展个人思路和知识积累有重要作用，因为理念本身就是对关键问题巧妙解决策略的抽象。

提升理念能力比较有效的途径就是去获取广泛的知识。国外很早就已进行过相关研究，创新性能力是建立在一定的经验积累基础之上的，没有简单快速的方法。例如尼勒在他的关于创造力研究中也提到：创造力自相矛盾的一个地方就是，为了能够创造性地思考问题，我们必须熟悉其他人的想法，这些想法又可能成为一个引发创造者思维的跳板。赫曼·赫兹伯格在其论著《建筑学课程》中也说过关于经验对于创造性的影响：大脑吸收和记录的每一件事都要添加到记忆中存储的所有想法中，成为一个无论何时出现问题你都可以参考的资料库。你看得越多，吸收得越多，经历得越多，你可以用来帮助自己采取哪个方向的参考资料就越多。美国思想家爱默生说过：每个人都是借用者和模仿者。劳森也认为设计过程从本质上来说是一种经验过程。所以多参考借鉴优秀案例是同学们具有开放性思维的一条重要途径。

4.4.2　多从逆向角度思考

逆向思维作为发散思维的另一种特殊形式，也是非逻辑思维的一种方法，是对现存秩序和既有认识的背叛。而任何事物都有多面属性，但受以往经验的影响，人们容易看到熟悉的一面，对另一面却视而不见，所以从事物反面提出问题和思索问题，旨在以悖逆常规的思维方式来解决问题，可以突破原有的思维定式，避免常规思维的趋众化和惯势，获得独到的见解。像司马光砸缸、吸尘器、破冰船的发明等都是此类思考的代表。主要提高方式包括反转型逆向思维、转换型逆向思维、缺点逆用型逆向思维等方法的训练。

4.4.3　多从其他专业学科角度思考

由于建筑的发展历史悠久，单纯从建筑学科方面寻求突破、创新确实很难，所以很多设计师开始把眼光放到建筑之外的艺术、人文甚至其他一般认为和建筑关联度不大的学科，这些学科门类的理论、技术和设计也可以成为建筑设计的借鉴来源。例如既可以借鉴、学习家具设计、工业设计甚至平面设计等邻近艺术的设计理念，也可以和数学、植物学、生物技术、计算机技术等学科进行结合，受其影响和启示，从而产生新的设计思路。

第 5 章

设计理念转化的技术基础

前面说过，建筑设计过程实际就是"虚""实"转换的过程，"虚"是指前期的思路、理念层面，"实"既指具体的图样成果，也指使设计理念落地的技术保障。好的设计一定会有个好的思路并有好的体现，好的思路是前提，但最后还需要落实、表达出来，也就是设计的转化能力。这种转化能力强弱的标志就是基本功。现实中，很多同学给老师讲方案时头头是道，说得天花乱坠，但具体图样惨不忍睹，和说得相差十万八千里，属于典型的眼高手低，基本功不够。所以本章主要从如何提升基本素质、能力方面展开。这种基本素质主要包括技术层面和美学层面。技术层面是建筑学专业学生的必备能力内容，也是比较容易掌握和传授的内容，但实际情况却不尽然，相当数量的学生对此欠缺较多。由于涉及内容过多，很难面面俱到，因此本章重点介绍一些常识性内容。

5.1

基本识图、制图

5.1.1　地形图识别与规划控制线

识别图样是对建筑师的基本要求，特别是地形图，作为反映建筑拟建位置用地环境的现状条件，是设计开始前必须熟悉的条件之一。它是把建设用地上的地物、地貌用专用符号垂直投影到平面上，并按比例绘制成图。所以，第一步，我们需要了解如何识别地形图。

1. 地形图识别

（1）表达内容　地形图表达的内容主要包括地物和地貌两部分。地物是指地表上有明确轮廓线的固定的自然物体和人工物体（例如河流、建筑、道路等）；地貌是指地球表面高低起伏的自然形态（例如山、谷、盆地、丘陵等）。

（2）专用符号　地形图上的地物、地貌信息都需要专用的符号表达，例如地物标记需要规定的专用符号表达。部分采用比例符号，也就是形状、大小按比例绘制（例如河流、田地、建筑、道路等），这样可以根据比例直接在图上量取；部分采用半比例符号，也就是长度按比例绘制，宽度不按比例（例如铁路线、电力线等）；还有采用非比例符号，即无法采用比例绘制，而用专用符号表达（例如尺寸较小的路灯、独立树、线杆等）；还有采用注记符号，例如对于地物的特殊文字、数字标记，像建筑层数、高程、地面的植被种类等。由于符号种类繁多，很难一一列举，大家可具体查阅《国家基本比例尺地图图式》（GB/T 20257.1—2007）。

（3）比例和尺幅　工程建设中常规建筑地形图的比例一般是1∶500、1∶1000、1∶2000等，建筑设计和详细规划设计中用得最多的比例是1∶500和1∶1000，图样尺幅一般为50cm×50cm。比较大的地形图则需要多张拼合而成（图5-1）。

（4）坐标系　坐标系的主要作用是对环境和物体位置进行精确定位。通过设定或赋予某个位置一个坐标数值，可以快速确定一个点在图上的位置，这个点是唯一的。我国目前大部分地区采用1980西安坐标系。每个点的坐标通常以 XY 数值表示，其中 X 在地形图中是指上下方向（或南北方向）的数值，Y 是左右方向（或东西方向）数值。这与常规数学上的坐标系表达方式是相反的，也是为了与数学坐标系相区别。

需要注意的是，在绘图软件 CAD 图上默认的坐标系仍然是按数学坐标系设置（可以通过手动设置更改坐标

图 5-1　常规地形图示意

系 X 轴、Y 轴的方向）。因此在 CAD 上输入某个点坐标时，输入坐标数值要注意坐标系的方向。

（5）高程表达 高程是地形图上三维信息的表达，一般采用等高线和数字表达。等高线是地面上高程相同的相邻点连接成的闭合曲线。其包括等高距（两条等高线之间的垂直距离）和等高线平距（两条等高线之间的水平距离）。一般等高距为 0.5m、1m 和 2m。数字代表此处地形的绝对标高。

2. 各种规划控制线

除了前述地形图识别外，设计师需要在建设用地范围内进行设计，并且符合城市规划相关要求，这就需要涉及各种规划控制边线问题，根据颜色分为红线、绿线、蓝线、紫线、黑线、橙线和黄线，也就是所谓的"城市规划七线"。其中最常见的就是其中五种，也是法定控制线，即"规划五线"：红线、绿线、蓝线、紫线和黄线。

（1）规划红线 一般称道路红线，是指城市道路用地规划控制线，又包括用地红线、道路红线和建筑红线。对红线的管理，体现在对容积率、建设密度和建设高度等的规划管理。

1）用地红线。用地红线是建设工程的用地范围线，范围内的用地权属关系属于建设方。但不是整个用地都可以搞建设，特别是处于城市道路两侧的用地，需要符合城市规划的相关要求。

2）道路红线。城市道路有不同级别和宽度，其道路的边界线就是道路红线。道路宽度组成包括三部分：一是通行机动车、非机动车和行人交通所需的道路宽度；二是敷设地下、地上工程管线和城市公用设施所需的宽度；三是种植行道树、绿化所需的宽度。所以建设项目需要在道路红线外侧进行，而用地红线与道路红线的关系在不同城市是不同的，有时两者是重合的，即是净用地；有时是到道路的中心线，也就是需要购买一半的道路用地。

3）建筑红线。城市道路两侧控制沿街建筑物（如外墙、台阶、阳台、雨棚等）靠临街面的界线，又称建筑控制线。也就是在用地范围内能建设的建筑最外侧边界，有时地上与地下会稍有不同。对于大部分项目来说，一般要求建筑应该后退道路红线一定距离，主要目的是考虑绿化、管线建设用地、建筑本身的基础放坡和人流疏散缓冲需要（图 5-2）。

（2）规划绿线　是城市各类绿地边界范围的控制线，绿地类型包括城市公园绿地、防护绿地、生产绿地、附属绿地和其他绿地等。和建设用地直接相关的一般是防护绿地（例如道路、河道、高压走廊等两侧防护边界），要求绿地范围内不能进行建设。

（3）规划蓝线　是指用于划定较大面积水域、水系、湿地、水源保护区及其沿岸一定范围陆域地区保护区边界的控制线，包括河道水体、两侧绿化带以及道路的宽度。主要控制原有水域形态、规模和附近建（构）筑物和污染影响。根据河道性质的不同，城市河道的蓝线控制也不一样。

（4）规划紫线　用于界定文物古迹、传统历史街区等保护范围及建设控制地带的控制线。主要目的是严格保护紫线范围内的建筑，不得进行与之不相关的其他建设。严格控制紫线周边建设控制地带内的开发强度，新建、扩建、改建各类建（构）筑物和其他设施时，应当与保护区的传统风貌或地方特色相协调。

（5）规划黄线　用于控制对城市发展全局有影响的、城市规划中确定的、必须控制的城市基础设施用地的

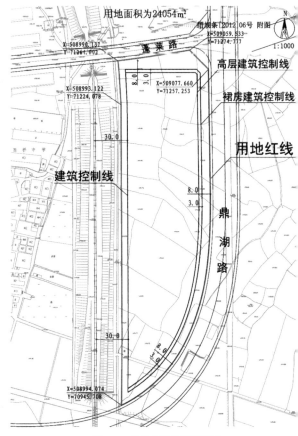

图 5-2　用地红线和建筑红线

界线。基础设施包括城市交通、给水排水、燃气、热力、供电、消防、邮政等保障城市正常运转的设施。

5.1.2　制图方面

由于设计师是以一种非常视觉化和图形化的方式来表达他们的思想和工作，所以没有规范、出色的制图能力就能成为优秀设计师是不可想象的。抛开美学表现因素，国家对方案设计的表达内容和深度均有基本规范性要求。例如《建筑工程设计文件编制深度规定》（2016 年版）、《建筑制图标准》（GB/T 50104—2011）和《房屋建筑制图统一标准》（GB/T 50001—2010）对每个设计项目在方案阶段的设计说明、总平面、平面、立面和剖面表达内容及深度上均有详细要求。

1. 设计说明

设计说明是方案的重要组成部分，是通过文字来简单阐述设计思路，有助于别人迅速理解设计方案的由来和过程。但很多同学把它变成图面填缝工具，不会写或者写得没有重点。

《建筑工程设计文件编制深度规定》（2016 年版）对实际设计方案说明的要求包括设计依据、设计要求及主要技术经济指标；总平面设计说明；建筑设计说明；建筑节能设计说明等。但由于学生阶段设计任务的特点，一般设计说明至少要包括总体构思、总平面设计说明、建筑设计说明和主要技术经济指标几部分，各部分具体要求如下：

（1）总体构思　主要描述针对设计任务要求和个人理解提出的整体设计思路或想法，实质就是简明扼要地写出设计方案的理念或者思路。

（2）总平面设计说明　主要内容包括一是总体布局的构思意图和设计特点，以及在交通组织、竖向设计、消防设计、景观绿化、环境保护等方面所采取的具体措施；二是如果项目比较复杂，还要说明关于一次规划、分期建设，以及原有建筑和古树名木保留、利用、改造（改建）方面的总体设想。

（3）建筑设计说明　主要内容包括建筑方案的设计构思和特点；建筑的功能布局、出入口设置、空间特点和内部交通组织；建筑防火、无障碍等设计说明；

建筑立面造型、材质色彩及剖面处理；其他建筑技术应用等。

（4）主要技术经济指标　主要包括总用地面积、总建筑面积及各分项建筑面积（分别列出地上部分和地下部分建筑面积）、建筑基底总面积、绿地总面积、容积率、建筑密度、绿地率、停车位数（分室内、室外和地上、地下），以及主要建筑或核心建筑的层数、层高和总高度等项指标；根据不同的建筑功能，还应表述能反映工程规模的主要技术经济指标，如住宅的套型、套数，旅馆建筑中的客房数和床位数，学校的班级规模，车站的人流量，医院建筑中的门诊人次和病床数等指标。

2. 总平面表达

总平面是学生不太注意的图样之一，一般是单体方案完成后才直接把建筑放到地形里面，而不是设计总平面，同时在图样表达内容上不够完整。容易犯的问题是表达深度不足，表达信息不全和不够规范。包括外部环境表达不完整（外部环境状况、周边道路、用地及建筑红线范围）、用地和外部道路缺乏衔接、内部缺乏设计、内部交通（机动车和人行）没有区分和组织、缺乏竖向设计、建筑信息不全面（建筑名称、层数、出入口位置、地下室边界等）、图样方向颠倒、缺少图样名称、比例、指北针等内容。

（1）总平面表达原则

完整性：需要把现有环境内容和方案本身的设计内容清晰完整地表达出来。

明确性：明确建设场地与外部的环境关系、建筑在场地中的位置关系和场地内外的交通关系；明确场地内部设计是表达重点，外部环境适当弱化，而建筑又是场地内部表达的中心。

规范性：根据制图要求把各种原有信息和设计信息规范、正确表达出来。

（2）总平面表达内容　根据制图规定要求，总平面图样主要应完成以下内容：现有场地条件内容和方案设计内容（图 5-3）。

1）现有场地条件内容

①场地的区域位置（可根据需要确定是否绘制）。

②场地的范围（用地和建筑物各角点的坐标或定位尺寸）；各类控制线位置（用地红线、道路红线、建筑红线等）及名称。

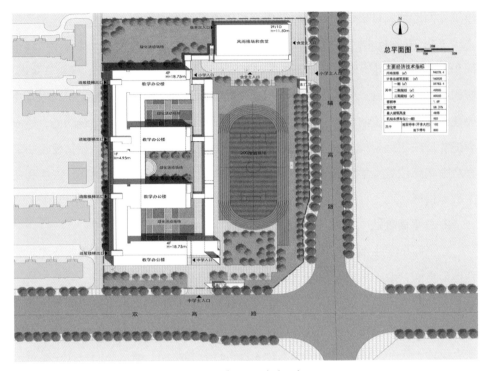

图 5-3　总平面图表达示意

③场地及四周环境的反映（四邻原有及规划的城市道路和建筑物名称、用地性质或建筑性质、层数等，场地内需保留的建筑物、构筑物、古树名木、历史文化遗存、现有地形与标高、水体、地下和空中管线、不良地质情况等）。

④指北针或风玫瑰图。

2）方案设计内容

①交通方面：场地拟设出入口、机动车和非机动车道路、停车场位置、内部道路与建筑各出入口的连接；主要道路标高；消防车道及扑救场地的设置。

②环境方面：广场、庭院、绿地、水面和其他小品设计；地形复杂时广场、庭院等处的控制点标高。

③建筑方面：建筑物（含地下建筑边界）的设计布置，主要建筑物与各类控制线、相邻建筑物之间的距离及建筑物总尺寸；拟建主要建筑物的名称、各出入口位置、层数、高度、设计标高等信息。

④图样信息方面：图样名称、比例、指北针；技术指标信息等。

3. 平面图表达

平面图虽然是学生投入较多精力的图样，但在设计及表达上仍然存在大量问题。主要有内容和表现两方面：例如内容不完整、不规范（像缺少环境设计，建筑结构概念体现不清晰，建筑标高表达不清，家具及卫生间没有布置、标注不全等）；表达不正确（例如一些常规尺寸、门窗开启方式、楼梯类型等问题）。

（1）平面图表达原则

1）规范性。表达内容应正确、完整，符合制图规范要求内容（《建筑制图标准》GB/T 50104—2010 ）。

2）清晰性。把建筑与外部环境关系区分清楚，把功能构成、交通组织、结构、分隔及布置关系表达清楚。

3）层次性。首先在内容表现上应主次分明。重点强调建筑部分，环境、内部布置应烘托建筑，明确承重结构（承重墙或结构柱网等）、分隔墙体和内外布置的层次关系；强调主要空间；另外在表现上，也应有层次区别，例如在线型粗细上：剖到的墙体轮廓线是粗线，普通的门窗、楼梯、台阶、洁具、文字、尺寸线等是细线，家具等看线是最细线。

（2）平面图表达内容　根据规定要求，平面图样应至少完成下面内容。

1）主要设计内容。建筑结构受力体系（柱网、承重墙等位置）；各围护、分隔墙体位置、做法；建筑内外出入口处理，走廊、楼电梯等交通设施内容；门、窗、洞口等内容；各部分无障碍设计；雨棚、阳台等设计内容。

2）辅助设计内容。各主要空间地面铺装及家具布置；厨房、卫生间洁具布置；各层地面及室内外环境设计（底层平面图）；中庭、内院的环境设计。

3）标注内容。各主要使用房间的名称；各层及变化处标高（一般以主要入口层地面作为 0.00 标高）；设计总尺寸、柱网开间、进深尺寸；指北针（底层标示）；剖切线位置和编号（底层标示）；图样名称、比例或比例尺。

4）其他注意事项。表明上层悬挑部分投影虚线；上部平面中若能看见下层屋顶、平台、阳台或雨棚，应画出其轮廓；必要时绘制主要用房的放大平面和室内布置；地形高差变化大时以标高标明具体图样名称。

4. 立面图表达

立面图主要表达各方向外部造型做法，一般选择能体现建筑造型特点来绘制一两个有代表性的立面，复杂的立面可以展开表达。为了表达上的丰富性和层次感，应区分线型宽度，另外应适当加配景和阴影，但应避免配景的喧宾夺主。

1）和平面及造型对应的各向投影图。

2）各主要部位和最高点的标高或主体建筑的总高度。

3）当与相邻建筑（或原有建筑）有直接关系时，应绘制相邻或原有建筑的局部立面图。

4）立面图外轮廓和地面线为最粗线，有转折、变化的边界线条为次粗线，其他门窗、构件等轮廓、边界为细线，填充、门窗内部分隔等为最细线。

5）图样名称、比例或比例尺。

5. 剖面图表达

剖面图是指三维建筑沿剖切位置加入剖切面后形成的断面投影，其投影方向就是剖切方向。主要反映平面、立面无法表达的构造做法和空间关系等内容，也是学生重视不够的图样之一。在表达上更是存在较多问题：像剖切位置选择不恰当；室内、室外关系表达不清；构造层次表达不清（例如稍微复杂墙体、屋顶等部位）；建筑承重关系表达不清（梁、板、柱的相互关系）、建筑细节表达不清（例如楼梯画法、看线等）。主要原因就是对建筑各部位的构成不够熟悉。

（1）剖面图表达原则

1）剖切位置应选择恰当。位置应选在高度或者层数变化多、空间关系比较复杂的部位。

2）表达内容要准确。准确就是要把几种关系表达正确、清楚，包括建筑结构关系准确（一般砌体承重表示清楚墙体、圈梁、过梁和楼板等，框架结构表达梁、板、柱的相互关系等；大空间屋面结构形式等）；建筑构造层次关系准确（不同墙体构造、屋顶构造、楼地面构造、门窗构造、楼电梯构造等）；建筑空间关系准确（高低、前后和室内外变化）。

3）表达层次清晰，细节要完善。强调、细化剖到部位，完善看到部位；根据图样比例增加相应细节；结合人的活动和尺度体现空间特征。

（2）剖面图表达内容　根据规定要求，剖面图样应至少完成下面几方面内容。

1）基本内容（剖到部分）。剖切线经过的所有室内外部位的表达（从剖切线起点到终点），特别是外部地面、建筑墙体、楼地面、梁、屋顶等的相互关系，并注意前述几种关系的准确性。

2）附加内容。室内外看到部位的投影（即看线，包括踢脚线、梁柱看线、吊顶、女儿墙、门窗、栏杆扶手、家具、环境等）；尺寸及标高标注（层间尺寸及总尺寸；各层标高及室外地面标高，建筑变化处及最高点标高）；人、家具和其他装饰装修；剖面图名、比例或比例尺。

3）其他注意事项。女儿墙或檐口等应为闭合结构；剖切符号可以改变方向；楼电梯的空间构成应准确等。

（3）表达方式

1）普通类型剖面图。符合常规制图标准和深度的普通二维剖面图。

2）特殊类型剖面图。和其他图形结合的剖面图，以使人能更好理解设计意图和空间关系。例如剖面图和透视图结合，和现场照片结合，和实际做法效果相结合，或者几者的综合等。

像剖透视就是融合了剖面图和透视图为一体，在建筑表现中应用广泛，特别是 SU 软件的截面功能，使剖透视变得较为简单。由于能够融合技术图样与视觉图像，使之成为能够在二维图样中轻松展示设计空间特性的剖面图，因而得到很多同学的青睐（图 5-4）。

剖透视对学生的要求较高：一是要求学生对结构、构造非常熟悉，从屋顶、楼

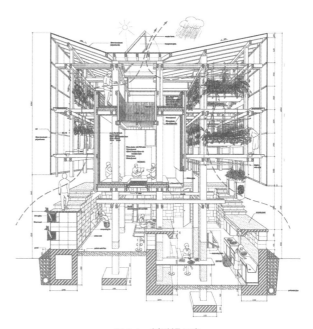

图 5-4　剖透视示意

板、墙体，到门窗、吊顶、楼地面做法；二是要求学生对模型的搭建较为细致。

6.透视图表达

（1）透视图的问题　透视图是建筑设计方案中最主要的图样之一，其主要作用是直观反映建筑的形象和做法。它的表达好坏直接影响对设计的第一感觉和理解。

学生在透视图的表现中存在的主要问题是表达重点不清晰；建筑在图面的比例过大或过小，选择的角度或视线高度不当；建筑的明暗关系或阴影不明确；色彩、材质和光线设置不理想；整个图面缺乏配景或近、中、远景层次不分明等问题（图 5-5）。

（2）透视图分类　从位置上主要分为室外和室内透视图两种；从视觉原理上主要分为一点透视、两点透视和三点透视三种。

一点透视即透视灭点只有一个，位于图样中心，主要适合表现政府办公、纪念馆、街道景观等庄严、对称的建筑。

两点透视即透视灭点有两个，是应用范围最广的表达方式，适合表现几乎任

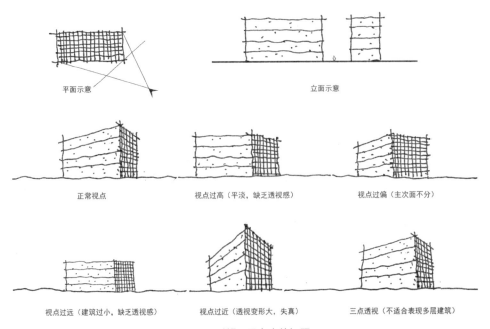

平面示意　　　　　　　　　　　　立面示意

正常视点　　　　　　视点过高（平淡，缺乏透视感）　　　　　视点过偏（主次面不分）

视点过远（建筑过小，缺乏透视感）　　　视点过近（透视变形大，失真）　　　三点透视（不适合表现多层建筑）

图 5-5　透视图易存在的问题

何类型建筑。根据视点高度的不同，又分为正常视点透视图和鸟瞰图。正常视点透视图主要表现建筑的主次两个面和地面环境，鸟瞰图除了表现建筑的主次两个面及地面外，屋顶也成为表现重点。

三点透视即透视灭点有三个，即在两点透视基础上增加垂直方向的灭点，适合表现高层建筑和特殊效果建筑。

（3）注意事项　除了前面提到的透视图一般问题外，在透视图的表现中比较容易出现的问题还有：一是画面大小和建筑在画面中的大小；二是角度和视线高度选择问题。

1）透视图大小。很多同学的透视图大小比较随意，有的占据整整一张图面，有的见缝插针，随意把图放在某一角落，这两种方式显然都不是那么恰当。第一种情况在设计院应用较多，因为为了充分表达建筑形象，需要多个角度表现建筑，另外也是为了体现工作量。但在学校最好把透视图和其他图样组合一起，建议一般最大不超过整个图面的 1/2，除非真的特殊需要和图样的表现力特别强，否则整个图面容易显得空，和其他图样也不易协调。第二种情况则是对透视图的重视程度不够。因为透视图是最能直接反映建筑形象的，也是图面色彩最丰富的图样，因此除了局部透视图外，主要角度透视图应该在图面中占据最重要位置，图幅也不宜太小，建议至少占据整个图面的 1/4 大小。

建筑在透视图中的大小，部分同学也不太讲究，要么过小要么过大。过小则建筑不够鲜明，重点不突出；过大则显得图样过于拥挤，几乎全是近景，造成图面缺乏层次。一般来说建筑占透视图图幅 1/3~1/2，且位于图面下部 2/3 范围，以使天大地小，画面稳定。

2）透视图角度。在角度和视线高度选择方面也存在一些问题。正常视点的透视图角度一般选择建筑的主要临街面、长边所在面或建筑主要出入口所在面作为对外展示的主要面。就像人需要把正面展示给别人一样，建筑也需要把主要形象展示出来，因此在角度选择上需要特别注意主次关系。另外透视图最后效果应该反映建筑的实际长宽比例关系，而避免出现主次面不分、难以区分建筑长宽比的现象，一般选择约 30° 和 60° 的视角。

在视线高度和视点位置选择方面，很多同学也缺乏推敲。特别是多层或低层建筑，要恰当选择视点位置和高度。由于建筑高度不高，如果视点过高或过远，透视灭点位于画面外的远处，这时建筑缺乏强烈的透视感和表现力度，建筑必然会显得比较平淡，不利于整体表达；而视点离建筑过近，两透视灭点都在画面内，又会使建筑透视变形严重，图面缺乏层次，但这种方式适合表达局部节点或室内效果。视距一般选择建筑物高度的三倍较为理想。

3）光线与明暗。表达建筑形体关系重要的是在明暗和光影关系表达方面。在明暗关系上一般是建筑主要面为亮面，次要面为暗面，同时不必过于受制于实际光线来源方向。光影关系则是反映形体和表皮的光影效果，光影效果越明确则建筑的形体感和层次感越强。

4）材质与色彩。由于计算机渲染技术的发达，材质表现和色彩表现越来越简单，主要应注意色彩、材质的选择不宜过多，要有主体色和材质，而不是平均用力。

7. 分析图表达

分析图分析的是什么？为什么要画分析图？这个问题可以说困扰了很多同学。很多同学也简单把分析图变成一个图样填缝的内容，这就使分析图变得可有可无。

（1）目的　分析图主要解决三类问题：一类是设计前期条件的分析，通过分析发现项目存在的问题和具有的现状条件；二是设计过程中的分析，主要表达设计思路形成的过程；三是设计成果的分析，呈现平、立、剖所不足以呈现的设计本身，比如流线、日照、功能构成、形体构成、结构、面积分配等。也就是说：分析图主要目的是把设计方案的思考、形成过程表达清楚，而不仅仅是最后图面填空或只为提高图面视觉效果。

另外需要注意的是：一张分析图只分析一个事，而且应有结论；应对分析内容部分加以强调（例如通过线条、色彩、圆圈等），其他部分弱化。

（2）分析图类型　分析图的分类方式有很多种，可以从制图形式分类，也可以从技术环节分类，甚至可以从色彩方面分类。根据前述分析图的目的和对应的设计各个阶段，分析图主要包括前期设计条件分析、方案生成分析和设计结果分析。

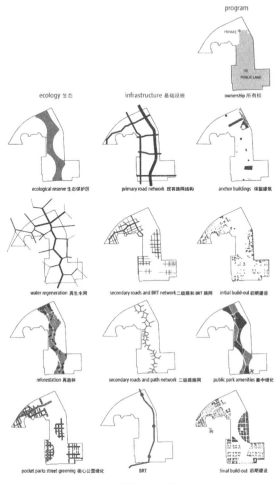

图 5-6 前期场地分析示意

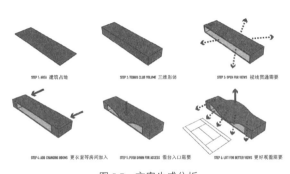

图 5-7 方案生成分析

1）前期设计条件分析（图 5-6）。主要对设计现有条件进行分析，例如场地、区位、气候等，场地周围和范围内建筑对项目建设的影响，现有的交通、环境、竖向等各方面条件状况。例如对建设场地的分析主要包括基地外的交通分析、外部景观、视线分析、基地竖向高差分析、基地内的要素（噪声、污染源、公共设施）分析等。

2）方案生成分析（图 5-7）。主要表达清楚设计对场地分析的呼应处理和设计方案的形成过程。包括概念形成、空间构成、形体构成过程等。形体生成的逻辑、空间关系、建筑结构、功能布局等。

3）设计结果分析（图 5-8）。对完成方案加以阐释，主要说明设计方案的合理性和清晰性，包括反映总体方案特性的分析图：场地功能分区、空间组合及景观分析、交通分析（人流及车流的组织、停车场的布置及停车泊

位数量等）、消防分析、地形利
用分析、绿化布置分析、日照分
析、分期建设考虑等；反映平面
布局的功能分区和构成分析；反
映立面构成的材质分析；反映建
筑总体层次构成的爆炸图等。

　　理清了思路，我们才能更好
地把握分析图，只有知道要做什
么，才能知道做什么样的。另外

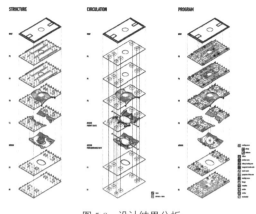

图 5-8　设计结果分析

一定注意：分析内容才是表达重点，而其他内容作为背景呈现，这样才能突出中
心，易于理解。

　　（3）表达方式　分析图的表达方式多种多样，常用的分析图解技术包括模型、
地图、分层与叠合、拆解与整合、透射、剖切或连续切片等。但针对学生来说，
下面几种可能是用得较多的类型。

　　1）平面分析图表（图 5-9）。最基本的建筑设计分析图类型，是以用地地形
图或者平面图样作为底图进行分析的图样。这种分析图的优势是比例准确，用来
交代场地环境条件或者平面布局
关系有着绝对的优势。缺点可能
就是较为常规，难出彩。

　　另外一种利用平面图变形叠
加后形成三维性质的分析图也较
为常用，例如各层功能构成分析、
交通流线分析等。

　　2）三维分析图表。在二维
平面上加上三维高度信息而做出
的分析图。优点是传达数据信息
更为直观，同时也能更多地交代
一些信息量（高度、环境等）。

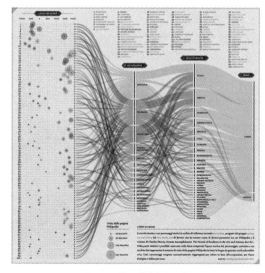

图 5-9　平面分析图示意

但是,这种增加一个维度信息的视觉传达注定要舍弃掉一部分二维传达的信息(精确比例、视觉盲点等)。因此,采用平面还是立体展示取决于个人的选择。

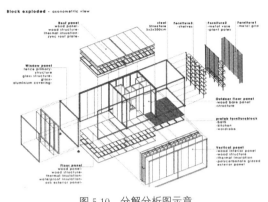

图5-10 分解分析图示意

3)分解分析图表(图5-10)。这种分析图原本大量用于工业设计中,用以说明各个部件间的衔接构架方式。因此,它可以用于建筑分析图中,说明部件间的相互空间关系。类似的,在景观或者规划中,应用更多的就是千层饼式的分析图表(麦克哈格以生态敏感层为底层的设计方法影响了一代景观设计)。另外把建筑整体分层、分解,例如分解为表皮、结构、构造、交通、内部分隔等层次也是常用方法。

例如爆炸图就是把整个建筑根据分析目的在三维层面进行分解,主要作用是让读者清晰理解建筑的内部层次及功能构成,信息量大,适合较为复杂的形体或者层次类型。这就需要有比较详细的模型做支撑,还需要明确分解的层次,同类型、同层次的作为同一组,一般分解为梁板柱和围护结构几部分。爆炸图除了解释结构、构造、材质构成层次外等还可以添加流线等作为功能分析图来使用。

4)阵列分析图表。利用视觉习惯特点而设计的阵列图表,适合说明每个单体之间的细微比较。因此,这种分析图在建筑分析图中具有多种应用功能。比如,可以利用每个单体间变化的逻辑关系来分析设计过程;可以利用每个单体间的形态区别来分析空间多样性;可以利用每个单体间的强调部分区别来分析空间构成等。

柱状分析图表:例如OMA的西雅图图书馆功能构成分析图表,对比常规和本设计做法的区别,采用这种方式的优点是一目了然。

大数据分析图表:例如利用GIS软件将数据和地图结合起来通过色彩直观展现给用户,利用python进行数据分析等(图5-11)。

5.1.3 其他制图问题

1.排版的顺序

不少同学进行排版时内容安排较为随意，特别是有多张图样时，各种图样缺乏前后次序和条理性，给方案的理解带来很多困难。在图样排版顺序上，一般来说有规定的次序：即先说明，后图样；先总体，后单体，再局部；平面图样是先底层，后上层。具体到图样

图 5-11　大数据分析

来说一般是说明、效果图、总平面图、分析图等总体性的内容，然后是平、立、剖面等分项内容，最后是细节、详图等局部内容。

另外整套方案中的每张图样比例应一致，不应出现比例来回变化的情况。而且总平面图、平面图的图样方向应按上北下南布置，不应出现图样方向不一致的情况。

2.计算机制图图层管理

很多学校除了在二年级前期要求是手绘图样外，几乎都在二年级末期开始允许使用计算机制图（天正、SU、PS等）。使用软件除了对命令熟悉之外，另外必须养成图层管理的良好习惯。由于很多同学是通过自学来学习画图软件，很多习惯不够规范，特别是图层管理方面，习惯在一个图层上工作，造成所有内容均在一个图层上。由于目前图样数量、内容、修改次数以及和其他专业联系相对较少，所以图层问题相对不够突出。而一旦一张图样上的信息太多，又修改多次，同时需要给其他专业提供条件图时，混乱的图层设置会大大影响效率。所以在学生阶段养成良好的图层管理习惯，对今后工作能起到事半功倍的效果。很多设计公司也为了效率、统一性和应对人员流动，均有适合自己公司的图层命名习惯，网上也有不少相关信息，同学们可借鉴参考。

5.2
基本技术常识

前面说过，建筑设计除了要有新颖的理念，还要有基本的知识积累，特别是一些常识性内容，更是要成为内化的知识储备。

5.2.1　建筑设计常识

建筑常识部分主要涉及技术方面知识，内容多而琐碎，且很多涉及具体的数字要求，很难短时间记准、记牢，因此需要慢慢体会和长期积累。但需要大家注意的是：这些设计涉及的技术常识均是有依据的，而不像建筑的艺术性方面存在判断标准不统一的问题。

1. 人体尺度、人数与建筑设计

人体尺度是建筑设计人员需要掌握的一个基本常识，对人的基本尺度在很多书籍里面都有详细介绍，这里不再赘述。但需要提醒大家注意的是：建筑的建设规模基本都是根据使用人数（人流量）来确定（例如住宅、办公、旅馆、学校、医院、观演建筑、车站建筑等），具体到每个空间的设计则与人体尺度和使用人数直接相关。

对单个空间来说，不是越大越好，而是需要有确定依据，其依据又是以人体尺度、人体活动尺寸和使用人数作为主要标准。例如房间大小大部分是以人数（部分房间是以设备占据空间确定）作为确定面积的依据；楼梯和走廊、门等各部分尺寸都是以人体尺度和使用人流股数作为基本设计依据；室内家具排布也是以人的尺度设计、摆放，厨房、卫生间设施大小、距离也是以人的尺度为布置依据，视线设计是以人的坐高、视高、视角和视距为依据。所以，人体尺度是基础，空间尺度设计应是在符合其基本要求下而留有一定的富余量。

2. 楼、电梯

楼、电梯虽然数量不多，建筑面积也不大，但在一个建筑中的地位却极为关键。因为作为垂直和水平交通的交会点，楼、电梯设置的合理与否会直接关系到使用体验、安全和功能布局的好坏。甚至某种程度上，楼、电梯设计直接反映了设计者的水平高低，而现实情况也确实如此，学生对楼、电梯的设计既缺乏经验常识也不够重视。

（1）楼梯

1）楼梯作用。楼梯主要有两个作用：一是作为平时功能使用；二是作为紧急情况下的安全疏散用途。楼梯在平时使用满足方便、舒适即可，而安全疏散则主要涉及使用者的人身安全，应满足数量、宽度、距离等要求。大部分楼梯在两方面是统一的，但有些楼梯（例如门厅里面的景观楼梯、旋转楼梯等）仅仅可以达到日常使用和景观目的而不能满足安全需要。

2）楼梯类型（图5-12）。楼梯从室内外位置上分为室内楼梯和室外楼梯，从使用性质上分为景观楼梯和功能楼梯，从梯段形式上分为双跑楼梯、单跑楼梯、双分楼梯、剪刀楼梯、弧形楼梯等，从安全角度上分为敞开楼梯（例如室外楼梯）、

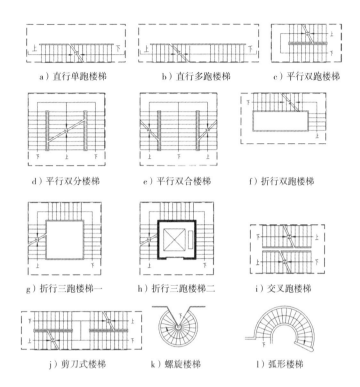

a）直行单跑楼梯　　　b）直行多跑楼梯　　　c）平行双跑楼梯

d）平行双分楼梯　　　e）平行双合楼梯　　　f）折行双跑楼梯

g）折行三跑楼梯一　　h）折行三跑楼梯二　　i）交叉跑楼梯

图 5-12　楼梯形式　　j）剪刀式楼梯　　　k）螺旋楼梯　　　l）弧形楼梯

开敞楼梯（三面围合）、封闭楼梯（四面围合）和防烟楼梯（四面围合加前室），其安全性（主要是从防止烟气进入角度）是越来越高，分别适应不同高度、性质的建筑。所以，需要根据楼梯性质、作用及位置确定其具体形式。

3）楼梯位置。楼梯布置的基本原则是均匀，即各个使用空间到楼梯的距离应适中，这样才能满足日常使用的方便和消防安全要求。同时每个房间都应有两个不同方向的楼梯选择和最远距离要求（局部可以只有一个方向选择，则距离要严格限制），也就是每个建筑一般至少应设两个楼梯。而作为整个建筑的人流汇集处，主入口及门厅附近一般都会设一个主楼梯，而且很多情况下还会结合建筑造型统筹考虑其位置、形状，另外一些楼梯则结合次入口均匀布置。如果只是中厅里的景观楼梯，则位置宜结合中厅景观、交通等统一考虑。

4）楼梯数量。除少数特殊情况外，建筑每个楼层的楼梯数量至少应设置 2 部且不能改变上下位置。特别是分散式布局平面（教学楼、宾馆等）或者单层面积很大的平面（大的商场、体育馆、展览馆等）更要仔细安排楼梯位置、数量，既要均匀方便，还要经济实用。部分功能复杂、分隔要求严格的空间（例如大型厨房、医疗、观演、车站、法院、监狱建筑等），还需要根据不同人流、物流类型分区域单独设置各自的楼梯。

5）楼梯尺寸。楼梯尺寸主要包括开间、进深、踏步高宽和平台宽度，各尺寸和人体尺度相关。开间尺寸和梯段宽度有关，主要受到服务人数限制，需要根据人数和建筑类型、层数确定最小梯段宽度。公共建筑楼梯梯段尺寸至少应为两股人流宽度（净尺寸 1200mm），相应平台尺寸也要超过 1200mm，所以双跑楼梯间开间尺寸至少要大于 3m。而踏步高宽尺寸则根据人的行动舒适度确定，一般为 300mm×150mm（宽 × 高），但为了经济性，部分类型建筑可适当上浮，而对于幼儿、老人使用的建筑，又需要考虑他们的实际使用需求适当放宽（表 5-1）。

表 5-1　常用适宜踏步尺寸

名称	住宅	学校、办公楼	剧院、会堂	医院、老年人居住	幼儿园
踏步高 /mm	150~175	150~160	150~160	150	120~150
踏步宽 /mm	260~300	280~300	280~300	300	260~300

6）楼梯消防安全。首先不同高度、类型的建筑对楼梯的安全技术要求不同，包括楼梯封闭性、自然采光、通风与否和出入口要求，这在《建筑设计防火规范》和其他专门性建筑设计规范中有明确要求，理想状况一是设置临外墙的有直接采光、通风的封闭楼梯间（或防烟楼梯间）；二是控制每层各房间门到楼梯入口距离及底层楼梯到室外安全地带距离；三是在疏散通道上，不要设置影响疏散的障碍物、危险物，通道上各处门的开启要与人流疏散方向一致。

（2）电梯

1）电梯作用。电梯是为平时方便人们使用和提升使用效率的设施。

2）电梯类型。电梯根据不同分类方式有多种类型：从内外通透性上分为普通电梯和观光电梯；从运行角度上分为垂直梯、扶梯和步道梯；从载重类型上分为客梯、货梯和小型杂物梯，客梯又分为普通客梯和医用梯；从消防角度上分为普通电梯和消防电梯；从有无机房角度又分为有机房电梯和无机房电梯；普通客梯从使用人群上又分为无障碍电梯和普通乘客电梯。但很多情况下，因为经济原因，电梯可单向通用，例如：医用梯、无障碍电梯、消防电梯平时也作为普通客梯使用，但反过来则不行。

3）电梯数量。电梯数量和建筑层数、使用人数、建筑规模有关系，但也和建筑标准高低和经济性有关系。对不同类型和标准设置的电梯数量的推荐值见表5-2。

表 5-2　电梯数量、容量和速度表（不含消防电梯和服务电梯）

建筑类别		数量 / 台				额定载重量 /（kg/ 人）				速度 v/（m/s）
	标准	经济级	常用级	舒适级	豪华级					
住宅		80~100户 / 台	60~80户 / 台	40~60户 / 台	< 40户 / 台	400	630	800	1000	1~2.5
						5	8	10	13	
旅馆		120~140客房 / 台	100~120客房 / 台	70~100客房 / 台	< 70客房 / 台	800	1000	1250	1600	$v \geq H/30$ 或 $v \geq$（0.1~0.12）n H—电梯行程高度 n—电梯行程层数
						10	13	16	21	
办公	按建筑面积	5000m²/ 台	< 5000m²/ 台	4000m²/ 台	< 4000m²/ 台	15	20	24		
	按有效办公使用面积	3000m²/ 台	2500m²/ 台	2000m²/ 台	< 2000m²/ 台					
	按人数	350人 / 台	300人 / 台	250人 / 台	< 250人 / 台					
医院住院部		200床 / 台	150床 / 台	100床 / 台	< 100床 / 台	1600	2000	2500		1~2.5
						21	26	33		

4）电梯布置与尺寸。电梯一般需要和楼梯成组布置并需要一定的候梯空间，但现在很多学生经常把电梯和公共走廊合并设置，这在实际使用中极不合理，既影响走廊使用，也影响安全。所以电梯尽量设置相对独立的候梯空间，且不同的布置方式对候梯空间尺寸要求不同，另外候梯空间最好有自然采光和通风。所以，需要进行多方案比较以确定最佳方案。

电梯尺寸主要和载重量有关，不同载重量其轿厢尺寸不同，进而影响井道尺寸和候梯空间尺寸，各个厂家的电梯尺寸也有所差别，所以确定井道尺寸时应先确定载重量。

5）电梯井道构成。电梯井道从下往上主要由底坑、井道和机房构成（无机房除外）。虽每个厂家的要求稍有区别，但一般底坑深度至少1600mm，顶站高度至少4200mm，机房层高应超过3000mm。

（3）自动扶梯（图5-13）。扶梯构成：自动扶梯主要由梯段和低、高处水平段（设备空间）构成。

梯级宽度：目前采用的梯级宽度有600mm、800mm、1000mm和1200mm（梯段净宽）几种规格。如果加上两侧扶手及结构尺寸，整个扶梯的宽度还需要增加600mm左右。

倾斜角：倾斜角为梯级、踏板运行方向与水平面间的夹角，出于使用安全性方面的考虑，倾斜角一般分为27.3°、30°和35°三类，可根据层高和场地尺寸选择相应的角度。

扶梯长度：扶梯梯段长度和建筑层高及倾斜角有关，再加上低、高处水平段空间所占尺寸（分别为2200mm和2600mm左右）。所以，

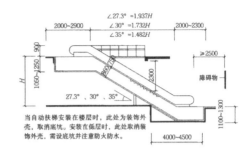

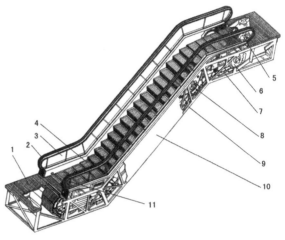

图5-13　自动扶梯基本构造

1—楼层板　2—扶手带　3—护壁板　4—梯级　5—端部驱动装置
6—牵引链轮　7—牵引链条　8—扶手带压紧装置　9—扶梯桁架
10—裙板　11—梳齿板

整个扶梯需要的平面尺寸比较大，应预留足够尺寸并注意跨柱网时的结构影响问题。

3. 卫生间

卫生间虽然也是在建筑面积上可以忽略不计的房间，但其对整个设计的影响却不容小觑。使用方便性、视线、气味等问题在实际建筑中也一直存在，所以需要费点心思，但目前学生也是对其较为忽视。

（1）卫生间位置　卫生间的位置和楼梯一样，首先也应布置比较均匀，且各楼层宜上下对齐。一般在主入口附近需要设一组卫生间。但相比楼梯来说，卫生间位置还应稍微隐蔽一些，可选择不好的朝向，房间形状也可为异形，但必须注意视线、气味影响，同时旁边及下部不应有配电用房，下部也不应有厨房、餐厅等房间，另外最好有直接采光、通风。

（2）卫生间数量及面积　卫生间数量主要根据建筑规模、功能复杂性、布局形式和使用人数确定，数量至少为1组（即男女各有一个，但实际项目中也有男女分层设置的情况）。如果布局是分散式布局，或者是功能流线分隔要求严格的建筑，需要分区、分人群设置卫生间。例如厨房内需要考虑内部服务人员独立使用的卫生间，医院建筑需要单独考虑传染病人和医生的卫生间，教学楼中需要设教师卫生间。具体每个卫生间面积则需要根据建筑性质、服务人数、男女比例等因素确定，而不是随意为之。

（3）卫生间形状、洁具布置　卫生间形状虽无严格要求，但需要满足功能使用，即首先考虑洗刷区和便溺区的分区要求。所以最合适的卫生间形状是长方形，这样可以分为里外间，外间为洗手、洗刷区域，里间为便溺区，中间通过墙体和门进行分隔，这样能较好解决视线、气味等矛盾问题。除了上述做法，还可以男女共用洗手、洗刷区域，即先进入此区域，再进卫生间。对于方形或者其他异形卫生间，更需要仔细研究。

洁具布置是卫生间设计的难点，主要涉及使用流线、人体尺度、洁具尺寸和视线要求等内容，布置好坏直接影响使用体验和感受。涉及各洁具空间尺度及相互关系的可查阅《民用建筑设计通则》里相关内容。但应注意的一是门（卫生间门和隔间门）开启时对通行或使用的影响；二是所有洁具、便器使用空间尺寸包括三部分：洁具本身尺寸，使用时占据的空间尺寸和旁边人群通行的尺寸，考虑充分才能避免使用和通行的相互影响问题。

（4）无障碍卫生间　无障碍卫生间是几乎所有公共建筑里都要考虑的设施。一般设独立型男女共用无障碍卫生间或者在男女卫生间内分设洁具、便器，主要考虑走道、内部空间和洁具的尺寸满足轮椅尺度要求。如果建筑内设电梯或者上部考虑残疾人员使用，上部楼层一般也应考虑无障碍卫生间。具体类型和设置按《无障碍设计规范》（GB 50763—2012）内相关要求设计。

4.厨房

厨房是建筑内部功能比较复杂的房间之一。不管是住宅内厨房或是大型餐厅内厨房，关键就是内外流线的设计，均需要考虑物流（原材料到成品到垃圾）和人流流线。只不过在小型厨房里两者可以是合在一起，而在大型厨房内两者必须分开（图5-14）。

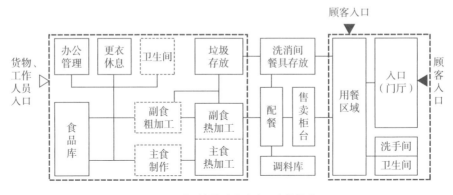

图 5-14　小型餐饮建筑内容及流线构成

（1）厨房位置　考虑到厨房油烟、气味及物流进出，厨房位置一般应处于本地下风向并和建筑主入口适当远离及隐蔽，而且应有独立的出入口以及人员、原材料和垃圾流线，避免和建筑主次人流出现交叉现象。某些高层建筑的内部食堂，把厨房部分放到地下室也是常见做法。

（2）厨房物流流线　主要包括从原材料到成品再到垃圾回收运出的过程。流线需要做到生、熟分开，洁、污分开，避免交叉回流。

厨房物流应有单独出入口。物流主要分为几个阶段：一是从原材料（米面等主食、菜肉等副食）采购、验收到库房存储阶段，涉及的房间主要包括验收处、主食库、副食库（面积较小的厨房可合并或取消）。二是从库房存放到粗加工阶段，需要的房间主要是粗加工间，副食（鱼、肉、菜、蛋等）在加工前需要对其进行粗加工（择捡、清洗、分割等处理）和主食制作，粗加工宜分设动物性食品、植物性食品、水产的工作台和清洗池。三是从粗加工到热加工成品阶段。粗加工后的原料送入细热工间应避免返流。热加工间包括主、副食加工和冷食制作间，这也是厨房内面积需求最大的部分。主、副食需要分室进行加工制作，主食是进行制作和热加工（蒸、煮等），副食进行切配、烹饪（炒、煎、炸）等，冷拼间主要是对凉菜、熟食进行制作等。四是从成品到餐桌阶段，需要在配餐间内进行整理和临时存放，需要的房间是配餐间。五是从餐桌回收、清洗阶段，对剩余物品回收和垃圾处理，并对餐具进行清洗、消毒等，需要的房间主要是洗消间。各阶段流线不应有交叉、回流，各房间应按先后顺序排布，并且应有分隔。

（3）人流流线　人流主要是厨房内的人员流线，其和物流各阶段是对应的，大型厨房可能还会有专门的管理人员区域。厨房内人员开始工作前需要进行更衣、洗手、消毒等，工作中需要使用卫生间，工作后需要淋浴、更衣、休息等，所以在入口附近需要设更衣室、卫生间、淋浴间、休息室等，当然这些房间面积可以较小而且可适当合并。

（4）厨房各部分面积分配　厨房面积和餐厅类型、规模、级别及使用燃料类型直接相关。由于学校设计作业一般规模较小，厨房所占比例一般不大，和餐厅面积相比可考虑为 1∶2 左右，其中主副食加工间面积又至少占整个厨房面积的 50%。就餐部分面积可按 $1.2m^2$/ 座考虑，总建筑面积可按 $2.5m^2$/ 座考虑。

（5）其他注意事项　厨房、餐厅上部不应布置卫生间等房间；厨房和餐厅分层设置时，厨房和餐厅应分设各自的交通设施；较大的冷拼间在进入前应设预进间并设消毒处理设施。

5. 基本房间

基本房间就是建筑设计的主要功能部分（例如居住用房、教室、客房、办公室、营业用房等），也是面积占比最大的部分，需要注意以下几点：

（1）房间尺度比例　大多数房间采用黄金比例的矩形房间比较好用，而为了造型需要采用部分异形房间，可作为辅助用房、设备用房、楼梯间或大空间用途。但如果主要房间均采用异形，则一定注意处理好形状、家具布置、交通和结构的关系。普通面积房间一般进深大、开间小，而对于面积较大的房间，可能需要进深小而开间大，以满足自然采光、通风需要。一般单面采光的房间进深控制在不超过窗户上口高度的2倍。

（2）位置朝向　主要房间一定选择好的位置：即有好的朝向、好的景观方向或高的商业价值（部分类型房间还有日照要求，例如住宅卧室、幼儿活动用房、中小学教室、病房、老人居室等），外部干扰小，而且交通方便。另外一定注意房间与对面房间、建筑或周围设施之间的距离（例如教室之间距离和与操场等距离要求），避免视线、声音的相互干扰和影响。

（3）采光通风　作为室内环境的基本指标，良好的采光通风也是房间使用的基本要求，所以主要房间除了位置朝向外，外部窗户的设置应结合造型慎重考虑。

（4）开门方式　如开一门，宜贴一面墙边，并留墙垛以利门的固定；开两门，两门宜在同边墙上，而避免对角线方向开门影响使用及家具布置。人数较多的大房间宜开两个双扇门，并朝疏散方向开启（但应注意对走廊疏散宽度的影响）。对于需要穿越的房间（餐厅、展厅等），更需要注意交通路线的组织并避免对角线穿越。

6. 特殊功能房间

特殊功能房间主要包括使用人数较多的会议室、报告厅、多功能房间和使用功能特殊的观众厅、演播厅、体育场馆等，一般均有专门设计规范要求。特殊房间设计的重点是要处理好位置、交通、形状、功能和结构的关系。

（1）位置与形状　特殊房间的位置一般根据使用人数确定，较大规模人数房间宜选择在低层靠外或者独立设置，并设单独的出入口，但对于用地紧张的建筑，也可设在其他楼层，但一定注意与其他房间在结构、层高和消防疏散方面的协调。

特殊房间的形状经常会和造型变化相结合，特别是独立的报告厅、大会议室等，所以其形状相对会较为灵活、复杂。但整体还是应尽量规整，避免出现过于异形和长宽比例过大的房间，以免影响家具布置和使用。另外如果有视线要求（会议室、阶梯教室、报告厅、观众厅等），内部一定不能有影响视线的墙、柱等，而且人数多的房间还要进行视线设计。

（2）空间与附属功能　需要注意的是：一是房间的层高要根据房间面积、有无起坡、结构形式、空调形式、装修标准等统一确定，过高则感觉空旷、浪费，过低则显得压抑；二是一般这种房间需要配置部分辅助房间：例如报告厅会附属放映室、控制室、卫生间、储藏室和贵宾室等。贵宾室需要和主席台靠近，并有独立出入口和卫生间；放映室设在与主席台（舞台）对面的位置。

（3）交通和疏散　在交通和疏散方面，特殊类型的房间需要统筹考虑内部通道、出入口和外部通道的设置。内部通道宽度应适合使用人数和最低要求，相互之间应该连通且和出入口直接相通，房间出入口数量方面要比常规多，而且应均匀分布，门的开启应朝向疏散方向，且 1.4m 范围内不能直接有台阶。外部通道（周边走廊、楼梯）的宽度要根据使用人数适当增加，特别是出入口附近应有一定的缓冲空间，主要考虑满足集中出入、休息和停留的需要。

（4）结构方面　对于某些大空间房间，其结构形式需要在方案阶段仔细考虑，根据其所在位置来确定合适的结构。重点是考虑屋盖结构做法、尺寸对层高影响以及对疏散和与其他部位的高度协调问题。例如体育场馆的层高确定除考虑体育活动需要的净空间尺寸外，还要加上结构、设备或装修等占用的尺寸。

（5）物理环境　由于特殊房间一般面积较大，使用人数多，所以还要慎重考虑内部物理环境的优劣，包括尽量有自然采光、通风和景观条件。对于部分特殊房间（例如画室、书画展厅、档案室、书库等对光线有特殊要求，不能有直射阳光；部分体育项目对采光、通风有限制要求；剧场、电影院有光线要求），这时就需要注意房间位置和窗户的设置。

7. 视线设计

对于有观看要求的建筑，例如观演类、体育类建筑和使用人数较多的教学类和会议类空间，普通平地面难以满足使用要求，需要进行专门的视线设计。视线设计的主要原则是看得见、看得清、看得全和看得舒适。

看得见是指避免前排障碍物（包括观众和栏板等）遮挡后排观众的视线。设计主要目的是避免在观看者与舞台（主席台）上的视点（或人员）视线间形成遮挡；看得清是控制最远端观众的视距，主要是根据空间性质确定最远点，满足观看不同尺度、行为的清晰度；看得全是控制前排两侧观众和最近处观众视线，两侧观众是受台口影响不能看到全部，最近处观众则是人眼的水平观看角度有一定限制，满足使用的舒适性；看得舒适是指在观看角度、方向、走道及座椅尺寸等方面需要进行控制。

在方案阶段，视线设计的内容主要包括视距控制、视线升起和视角（左右角度和俯视角度）三方面。

（1）视点　视点是代表被观看区域（对象）的最不利点，不同建筑类型对视点选择的要求不同，这在不同类型的建筑设计规范里都有相关规定（电影院、剧场、体育馆等）。例如剧院等演出类建筑一般以舞台台口内侧中心线与舞台台面交点为视点；电影院以银幕下沿作为视点；体育馆不同方向观众席以近端场地边缘为视点；报告厅虽无明确规定，但应保证能看全主席台。另外视点也不是完全固定不变的，可以根据实际情况适当调整。

（2）视距控制　进行视距控制的原因是满足视觉生理学的要求。距离 30m 可以看清楚的最小尺寸为 9mm。而根据观看对象的细节不同，对最远视距的要求也不同，例如歌舞剧场最远视距不超过 33m，话剧和戏曲剧场不超过 28m。

（3）视线升起（图 5-15、图 5-16）　视线升起是满足看得见的基本要求。但视线升起问题不是简单计算就能解决的，因为视线升起会带来层高、后排座椅下部空间的利用和室内外高差处理等问题，所以需要统筹考虑。

简单的视线升起设计一般采用连线法，需要三个步骤：首先要明确基本信息，包括确定视点位置、隔排还是每排升起、第一排观众位置及排距；二是根据视线升高常数（成年人眼睛至头顶距离的平均值为 0.12m）和坐高（成年人坐下时地面至眼睛距离为 1.1m），以此作为固定值，从视点和第一排观众头顶连线，延伸后与第二排（如隔排升起则是第三排）观众眼睛形成交点，从交点往下 1.1m 则是地面标高；然后依次类推，逐渐到最后排观众。

由于每排升起起坡较大，和周边地面（楼面）标高难以协调，一般都采取隔排升起方式。具体计算方式包括图解法、数解法、分组折线法和模拟法等（详见

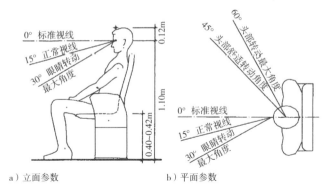

图 5-15　正常人的坐姿参数　　a）立面参数　　　　　　　　b）平面参数

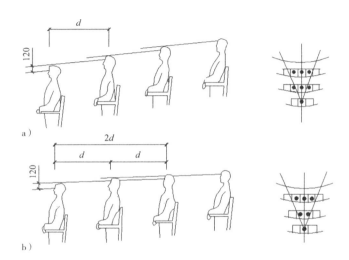

图 5-16　视线升起示意　　b）

《建筑设计资料集》第 3 版第四分册）。

（4）视角　视角控制包括水平视角（眼睛与舞台台口两侧或者银幕侧边连线夹角）、垂直视角和俯视角，水平视角小于 30° 时，观众分辨形状能力迅速减弱，水平视角大于 120° 时，则不能看清全部区域。

一般剧场建筑前排座席水平视角在 90° ~120°；电影院前排座席水平视角在 40° ~84°，垂直视角（视线与银幕上下边连线的夹角）不超过 25°，宽银幕不超过 32°；阶梯教室学生看黑板的垂直视角不超过 45°。

俯视角也是一种垂直视角（视线与视点及地平面连线的夹角），如果座席升起过陡，俯视角过大时，对观众也是不安全的，所以剧场建筑俯视角后排不超过

$25°$，侧排不超过 $35°$。

8. 地下车库设计

地下车库作为满足机动车停车需求的空间，一般到高年级才会涉及，也是学生不太熟悉的内容，但在实际工程中越来越重要。地下车库的关键指标是停车数量（一般按小型车计算），主要和建筑类型、规模和当地规划部门要求有关。设计时要重点考虑出入口位置、交通组织、停车方式及结构处理等内容（图5-17）。

城市住宅及大中型公共建筑场地停车位参考标准

序号	建筑类别		计算单位	机动车停车位	非机动车停车位	备注
1	住宅	别墅	每户	1.3	—	
		高档商品住宅		1.0	0.5	
		中高档商品住宅		0.8	1.0	
		普通住宅		0.5	2.0	
		经济适用房		0.3	2.0	
2	办公	一类	每 1000m²	7.0	30	省市级行政机关
		二类		5.0	20	其他机构
3	旅馆	一类	每套客户	0.6	0.75	一级
		二类		0.4	0.75	二、三级
		三类		0.3	0.75	三级以下
4	餐饮	建筑面积 ≤ 1000m²	每 1000m²	7.5	5.0	
		建筑面积 > 1000m²		1.5	5.0	
5	商业	一类（建筑面积 > 10000m²）	每 1000m²	6.5	7.5	
		二类（建筑面积 < 10000m²）		4.5	7.5	
6	购物中心（超市）		每 1000m²	10	7.5	
7	医院	市级	每 1000m²	6.5	15	
		区级		4.5	15	
8	图书馆、博物馆、展览馆		每 1000m²	7.0	7.5	
9	电影院		每 100 座	3.5	3.5	
10	剧院			10	3.5	
11	体育场馆	大型场 > 15000 座馆 > 4000 座	每 100 座	4.2	45	
		小型场 < 15000 座馆 < 4000 座		2.0	45	
12	娱乐性体育设施		每 100 座	10	—	
13	学校	小学	每 100 学生	0.5	—	有校车停车位
		中学		0.5	80~100	有校车停车位
		幼儿园		0.7	—	

图 5-17　停车数量配置参考

（1）出入口及坡道 车库出入口的设计较为关键，特别是用地紧张的项目，更需要多方面考虑，主要涉及位置、数量和车道宽度等因素。出入口位置应和场地主入口及内部车道联系方便，通常考虑尽快把车辆引入地下，但应适当远离建筑主入口，避免影响交通和建筑形象。出入口数量和停车数量及建筑类型直接相关，在《车库建筑设计规范》（JGJ 100—2015）内有明确要求（表 5-3）。

表 5-3　车库出入口和车道数量

出入口和车道数量　　　规模 停车当量	特大型	大型		中型		小型	
	＞1000	501~1000	301~500	101~300	51~100	25~50	＜25
机动车出入口数量	≥3	≥2		≥2	≥1	≥1	
非居住建筑出入口车道数量	≥5	≥4	≥2	≥2		≥2	≥1
居住建筑出入口车道数量	≥3	≥2	≥2	≥2		≥2	≥2

坡道是连接地面交通与地下交通的通道，主要涉及车道宽度、坡度和长度问题。车道宽度一般单车道 4m，双车道 7m。车道坡度直线段不超过 15%，曲线段不超过 12%，但只要坡度超过 10%，车道两端和平地面衔接的部分就需要进行缓坡段处理以避免底盘的刮擦，缓坡段坡度一般为中间坡度的一半，并且长度应大于 3.6m。坡道整体长度和室外地面与地下室地面之间的高度有关，特别是需要有覆土做地面绿化的建筑，坡道更是会很长，这就更需仔细研究坡道设计。

（2）内部交通 车库的关键是内部交通的组织，或者说车道的设置，同样面积采用不同的交通、布置方式其停车数量和使用方便性差距较大，因此需要多方案分析、比较以达到最经济。设计内容主要涉及车道布置方式、宽度等问题。

第一是注意入口坡道和车库内车道的衔接，两者衔接应简单直接，可采用直行或者直角右转弯相连的方式，避免调头或左转连接；二是车库内车道宜环形相通，避免过多、过长的尽端式车道；三是尽量保证每条车道两侧都有停车，避免一侧停车带来的不经济。

车道宽度主要和车辆类型及停车方式有关，规范规定常规小型车两侧垂直方式停车车道宽度最小 5.5m（倒车进入），在实际使用中对驾驶人要求较高，另外车型尺寸越来越大，很多地方已经要求至少满足 6m 宽度。

（3）停车方式及停车位　停车方式主要包括机械停车和普通停车两种。机械停车是采用机械设备进行立体停车的一种方式，占地少，效率高，但使用不便，对层高要求较高，适用用地紧张、车库面积有限的类型。

普通停车包括垂直式、平行式和斜放式三种。

垂直式是指机动车车身方向与通道垂直，是最常用的停车方式。特点：单位长度内停放的车辆最多，占用停车道宽度最大，但用地紧凑且进出便利，在进出停车时需要倒车一次。

平行式是指停车车身方向与通道平行，是利用路边停车或狭长地段停车的常用形式。特点：所需停车带宽度最小，驶出车辆方便，但占用的停车面积最大。用于车道较宽或交通较少，且停车不多、时间较短的情况。这种停车方式需要倒车进入，对停车技术要求较高。

斜放式是指机动车车身方向与通道成角度停放，一般有30°、45°、60°三种角度。特点：停车带宽度随车长和停放角度有所不同，适用于场地受限制时采用，车辆出入方便，且出入时占用车行道宽度较小，有利于迅速停车与疏散。缺点：单位停车面积比垂直停放方式要多，特别是30°停放，用地最费。

上述三种应用最广的还是垂直式停车，其他两种作为辅助停车方式。普通停车每个车位占用的建筑面积一般为$30\sim40m^2$。影响其占地面积的主要因素是柱网大小、停放组织合理与否和上部是否有建筑。特别是上部有建筑的地下车库较为复杂，更需要统筹考虑结构、停车方式交通流线以及停车区域和设备用房的关系，以提升其经济性。

（4）结构类型及层高　地下车库一般采取框架结构，但不同柱网尺寸对停车数量和停车方便性影响较大。不考虑上部结构，理论上柱网开间7.8m（柱宽<0.6m）可以满足停3辆小型车（车位长宽尺寸4.8m×2.4m），但考虑两侧柱的影响及实际使用，柱网开间一般会选择8~8.4m。

车库层高影响因素较多，一般采取反推法进行设计：即根据车库最低净高要求加上设备管线、消防管线、结构高度和有无覆土等确定，特别是顶板结构形式和有无覆土对高度影响较大。如果是普通停车方式，一般3.6~3.9m层高就能满足要求，但加上地面绿化和地面管线，还需要增加1.2~1.5m的覆土厚度。

（5）消防要求　地下车库也需要进行消防设计，主要满足车库防火分区划分和内部人员疏散要求。由于地下车库都会采用自动喷淋和报警系统，每个防火分区面积一般不应超过4000m²，每个分区内需要考虑送风机房和排烟机房各一间，每间面积约 30 m²，两机房位置不能相邻，且机房上部有井道出地面后能和室外相通（便于向车库送风和往外排烟）。

人员疏散则要求每个防火分区的人员安全出口不应少于 2 个，车库最远点的疏散距离不能超过 60m，而且不能借用汽车坡道。如果是住宅下部的车库可以借用住宅楼梯疏散，如果是独立的车库则可在两个防火分区交界部位共同设一部直接出室外的楼梯，并采用防烟楼梯间。

9. 相关设备用房

设备用房是保障建筑正常运行的水、电、暖、空调和消防设施的控制用房。在普通小型建筑里，这些用房数量较少，但在高层和复杂建筑内，这些用房数量和面积需求会非常多，也是在方案阶段必须考虑的。以普通高层建筑为例，主要包括以下类型（表 5-4）：

表 5-4　普通高层建筑设备用房面积及位置一览表

类别	名称	面积 /m²	位置
给水排水	水泵房及水池（两者紧靠但分室设）	（0.7%~1.0%）总建筑面积 190~300	地下室，最好靠近消防控制室
	中水处理间及水池	150~250	地下室，与水泵房及其他水池隔开
	热交换间	60~100	地下室
电气	配电室（包括高压配电和低压配电）	0.6% 总建筑面积（≥200）	地下室，靠近制冷机房处，但不能近给水排水用房
	电话机房	6	2~4 层或地下室
	消防控制室	24~60	首层或地下室，但需要直通室外
	柴油发电机房	40~100	首层或地下室
	电梯机房	16 × 电梯台数	屋面。消防电梯机房应与其他机房分开
暖通空调	制冷机房（设控制室 15m²）	0.5%~0.8% 总建筑面积	地下室、设备层或顶层，应紧靠配电室
	锅炉房	150~250	首层或地下室，但需要直通室外
	空调机房	2%~2.5% 空调面积	空调层、设备层，房间一边靠外墙
	地下室通风排烟机房	0.25%~0.3% 通风面积	地下室

128

（续）

类别	名称		面积 /m²	位置
管道井	水	管道水表井	0.7×1.2	每层核心筒内
		管道排气井	0.7×1.2	
	电	强电井	1×1.5=1.5~3.5	每层核心筒内
		弱电井	0.8×1.2=0.96~2.5	
	通风	排烟井	0.4×1.5	地下室送风排烟机房
		送风井	单用 0.4×2 合用 0.4×2.5	防烟楼梯间及前室；合用前室

注：机房净高要求：锅炉房 6.0m，变配电室 4.5m，电梯机房 3m，制冷机房 4.5~5m，中水处理间 5m，水泵房 3m。

5.2.2 结构常识

结构存在的目的是使建筑安全可靠地长期使用，并在碰到特殊情况时（地震、撞击等）能保证建筑主体安全。就像人体一样，骨架是支撑身体的结构，骨架有问题，人体自然难以保持站立状态。而结构就是建筑的承重骨架。

在方案设计时，一定先有结构意识，而不是画好房间分隔，后加入结构。正确的方式是根据项目功能、层数、高度等情况大致确定结构类型，然后根据平面轮廓范围，先表达出主要承重结构部分，然后再进行细部的分隔。

1. 结构布置原则

结构布置的基本原则一是承重结构位置均匀、规整，二是主要承重结构应上下对齐，三是应经济合理。

（1）均匀 目前，学校阶段最常用结构还是以砌体结构和框架结构为主，体现到平面上就是承重墙体或者柱网的布置。由于初期方案大多采用砌体结构，所以学生养成了从房间开始排布的习惯。但不管什么结构形式，都应该是一个承重结构均匀合理分布的设计。例如框架结构，主要布置原则就是结构柱网宜均匀统一，避免柱距忽大忽小，尽量减少不均匀的特殊跨，如有则尽可能出现在边缘、角落。

（2）上下对齐 结构上下对齐的目的一是能加强建筑整体性，二是使荷载直接传递到基础上。虽然也可以出现悬挑或梁上起柱的做法（例如造型的悬挑或退台处理），但必须控制数量和尺寸。特别是某些大空间一般是放到顶层或者独立设置。

（3）经济合理　学生经常会问老师柱网尺寸应该多大？某处结构是否能做？目前可以说几乎没有不能做的结构，只是应该首先问问自己是否值得那样做或者这样做的意义大不大？避免出现过大或过小的柱网，也就是要能做到经济、合理。现实情况中也是很多建筑方案结构的不合理带来使用的不便和造价的提升。

2. 常用结构类型及形式

结构常识的重点是要掌握几种基本结构的原理和常规要求。学生阶段必须要掌握的主要包括砌体结构、框架结构、剪力墙结构和部分大跨度结构等。方案阶段虽不需要精确的结构布置和尺寸，但应该大致了解每种结构的适用范围、基本数据和限制条件，以免出现基本错误。

（1）砌体结构　即通过用"砌块"（砖、石或其他砌块材料等块材）砌筑而成的以纵、横墙体承重的结构（纵、横墙一般以墙体长短方向划分，以长向为纵，短向为横）。但由于材料的抗压限制和整体性原因，其使用范围在层数、层高和建筑性质上都有一定限制，另外这种结构对建筑造型和开窗也限制较大，所以应用范围越来越小。一般应用在建筑层数不超过7层、层高不超3.6m的别墅、住宅、宿舍、公寓、单间式办公、旅馆、小型医院、学校等小开间建筑中。

大部分房间开间尺寸应控制在4.2m以下，少数房间可以达到6m。承重墙体厚度至少应为240mm，层数较高时，外墙应按370mm考虑。内部轻质分隔墙可以采用120mm或者100mm厚。考虑结构的整体性和抗震性，需要设圈梁和构造柱，尺寸和墙体宽度相同。同时门窗洞口也不宜开得过大，特别是不能开带形窗。

（2）框架结构　框架结构即主要是以柱、梁、板承重的结构。此时墙体主要作为围护结构作用而不具有承重作用。因此墙体需要采用轻质材料且其厚度也应尽量薄以避免加大结构荷载。主要适用60m以下，对空间要求比较灵活或面积要求比较大的各种类型公共建筑，也是国内应用最广的一种结构类型。但由于柱子尺寸对使用的影响问题，较少应用到住宅等建筑中。

柱网开间、跨度应适宜，过大或者过小都不够经济。尺寸过小，则柱子较多，不够经济且影响使用，过大则影响层高和经济性。柱子尺寸和层数及跨度有关，柱宽最小控制在 300mm，悬臂梁跨度尽量控制在 4m 以内。如果采用井字梁楼板，井字梁间距一般不超 3.6m，房间跨度不宜超 15m（表 5-5）。

表 5-5　框架结构常用尺寸

柱开间 / 跨度		柱尺寸		梁高	梁宽	板厚
普通	井字梁	多层	高层			
6~9m	≤ 15m	400~550mm	700~1000mm	1/10~1/18（跨度）	200~350mm	60~100mm

（3）剪力墙结构　剪力墙结构和砌体结构类似，也属于纵横墙体承重的类型，适合小开间的建筑（公寓、旅馆、住宅等），只不过剪力墙结构是采用钢筋混凝土材料构成，承载能力更强，适合建造的建筑高度也更高（小于 140m）。但其缺点也和砌体结构一样，内部分隔的灵活性稍差，建筑开间和门窗洞口尺寸都不宜过大，同时剪力墙位置、尺寸和开洞上下不应改变。

剪力墙纵横墙位置应均匀布置，避免单纯横墙或纵墙承重，周边外墙一般都为剪力墙。剪力墙开间尺寸控制在 3~8m，剪力墙墙体厚度（加强部位）最小 200mm（且大于 1/16 层高），其他部位最小能做到 160mm。另外在高层住宅中，会出现部分短肢剪力墙的做法，也是考虑经济性的原因。

（4）大跨度屋盖结构　一般空间跨度超过 18m 的为大跨度结构，其主要难点在于屋盖结构形式的选择。学校设计任务里面的影剧院观众厅、体育馆和大型会议室、报告厅等都会用到，可根据层数或者所处楼层位置采用不同的类型。大跨度结构形式主要分为平面结构和空间结构。平面结构又分为拱结构、刚架结构和桁架结构；空间结构分为网架结构、薄壳结构、折板结构、悬索结构和膜结构等。

网架结构是使用比较普遍的一种大跨度屋顶结构。这种结构整体性强，稳定性好，空间刚度大，防震性能好。网构架高度较小，能利用较小杆件拼装成大跨度的建筑，有效地利用建筑空间。外形可分为平板形网架和壳形网架两类，能适应圆形、方形、多边形等多种平面形状。

应用最多的平板网架多为上下双层构件和连接构件组成：即由上层弦杆、下层弦杆和腹杆构成。网架通过周边支撑、点支撑或者两者结合形式把荷载传递到竖向结构构件上。最常见的支撑形式为周边支撑，即网架四周节点搁置在空间边界的梁和柱上。

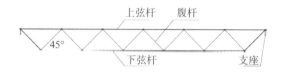

平板网架尺寸主要包括网架高度、网格尺寸和腹杆布置几方面。例如最常见的交叉桁架体系的网架高度和网格尺寸一般可按1/12短跨尺寸考虑，腹杆倾角可按45°考虑（图5-18）。当然平板网架还有其他类型，其尺寸和形式会稍有差别。

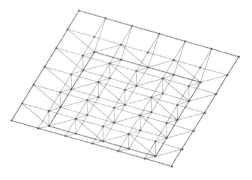

图 5-18 正交正放网架示意

5.2.3 消防设计常识

消防设计在方案阶段具有重要地位，也是判断方案是否成立的基本标准之一，但也是目前学生最为欠缺和忽略的地方。

1.消防设计的目的和依据

消防设计的主要目的是保障使用者生命和财产的安全，是为了避免偶发性事件而采取的技术保障措施。主要设计依据就是国家和地方的相关规范、标准。其中在方案设计阶段最主要的就是《建筑设计防火规范》（GB 50016—2014）和各不同类型建筑设计规范，制定规范的目的是为了确定设计的最低标准。

2.消防设计的原则

消防设计首先是看建筑的重要性、使用人数多少和危险性高低，越重要、人数越多和危险性越高的建筑的消防设计越严格。例如高层建筑、体育馆、剧场影剧院和易燃、易爆物多的建筑等都是防火设计的重点类型，它们会比普通多层建筑防火设计标准高很多。方案阶段掌握的消防设计原则是：消防车辆和人员能进得来、靠得近、停得下和进得去，建筑内部的人员能安全出得去，即外进内出方便、安全。

进得来代表建筑场地内有满足外部消防车通行的出入口和道路，靠得近代表消防车辆能到达起火地点或建筑旁边，停得下代表消防车辆能有停车区域（扑救场地）而更好实行灭火工作，进得去代表消防人员要能尽快安全进入室内（即要求建筑设有和扑救场地对应的安全出口、楼梯和窗户）；出得去代表建筑内部使用者能从室内任一点安全、快速到达室外安全地带。主要控制建筑内各处房间内最远点到门口、房间门到安全出口、安全出口到室外安全地带等疏散距离和宽度。方案阶段需要在以下几个层次考虑。

3. 不同层次的消防设计

（1）总平面消防设计　《建筑设计防火规范》对于不同的建筑类型和高度的外部消防要求是不同的，主要针对高层建筑和超过 3000 座的体育馆、2000 座的会堂、占地面积大于 $3000m^2$ 的商店建筑、展览建筑和厂房等必须要设置消防车道。对于需要设置外部消防车道的建筑，在总平面中主要考虑以下几方面：场地入口、内部消防道路和登高操作场地。

1）场地入口。场地入口主要是连接城市道路和场地内部道路，一般和场地的日常使用出入口结合考虑，但需满足消防车出行要求，包括入口宽度、坡度、地面承载力和转弯半径等。

2）内部消防道路。为了满足消防车能进得来、靠得近和停得下的要求，在总图设计中，场地内部必须设置满足消防车通行的道路。这种道路在宽度、净空、转弯半径、坡度、回转和地面承载力方面有一定要求。对于需要设置消防车道的建筑，一般也会结合平时使用要求，在建筑四周设环形道路，部分用地紧张或无法满足环形道路的，至少需要在两个长边设置车道。另外对沿街长度过长和对内院短边超过 24m 时，应设穿过建筑或进入内院的消防车道。

3）登高操作场地。登高操作场地是满足消防车停下扑救的要求，因此必须和消防车道同步考虑，一般高层建筑登高场地要至少满足一个长边长度要求（且大于 1/4 建筑周长），场地尺寸至少 15m×8m，在此范围内裙房进深不能超过 4m，场地内侧距离建筑边宜大于 5m。另外在相对应的范围内，建筑应有直通室外的楼梯或直通楼梯间的入口。

（2）单体消防设计　单体消防设计的重点是需要满足对着火点控制和内部人员出得去的要求。涉及的关键概念是：建筑类型、高度、防火分区、疏散长度、宽度、楼梯间类型位置数量。不同的建筑类型、功能构成和建筑高度在消防要求上是完全不同的。

着火点控制主要是防止着火区域的蔓延和扩大，体现在方案设计上就是每层的面积需要控制在一定范围内，也就是一个防火分区的面积，如果超过这个标准，则需要划分为多个防火分区。这个标准对不同建筑要求是不同的，在《建筑设计防火规范》里有明确规定，但目前学校的课程设计在这方面几乎不用考虑。

内部人员出得去则是根据上述分区分别考虑内部人员的疏散，重点是考虑从室内任一点到室外安全地带疏散路线的顺畅性。需要控制安全出口（楼梯）数量、疏散距离和宽度等指标。一是根据高度（或层数）、建筑类型等确定楼梯形式、位置、数量和是否需要设置消防电梯；二是根据不同建筑类型确定各个房间门距安全出口的最大走廊距离和根据最大人流量计算出的最小疏散宽度；三是根据房间性质确定各房间出入口数量、宽度和内部走廊宽度、最远距离。

（3）细节设计　包括注意各房间门和楼梯门的开启方向及对走廊宽度的影响，楼梯出屋面、一层出室外和下地下室处的处理，以及出室外通道与消防登高面、防火挑檐设置等。

5.2.4　构造常识

了解构造知识的目的还是使设计具有更好使用质量和建造效果，例如达到防水、保温和美观作用。学生在方案设计阶段涉及最多的还是屋面和外墙的构造，主要应了解其基本原理、层次做法和材料选择，并清楚不同构造方式在方案中的效果。

1. 屋面构造

屋面主要起到围合、维护室内环境、活动、组织排水、装饰等作用。很多同学不了解其基本类型和做法，造成在方案表达上出现问题。

（1）基本类型　屋面从坡度上看分为平屋面、坡屋面和其他类型屋面等；从是否供人活动方面分为上人屋面和非上人屋面；从檐口形式上又分为挑檐屋面和女儿墙屋面；从做法角度分为普通屋面和特殊形式屋面（种植屋面、蓄水屋面、金属屋面等）。

（2）普通屋面注意要点 防水、保温、隔热是普通屋面的基本性能，具体屋面构造层次在课本中有详细介绍，这里不再赘述。需要大家注意的是：一是当屋面高度超过10m时，应采用有组织排水；二是普通女儿墙上人屋面为了排水和保温原因，会造成屋面比室内楼面高，因此室内出屋面需要考虑高差问题，另外女儿墙高度应考虑安全防护问题；三是采用有组织排水时，女儿墙应是周圈闭合形式。

（3）特殊屋面构造 在常规屋面做法基础上增加一些层次做法能得到很多特殊屋面。例如部分同学方案采用绿化屋面、蓄水屋面等做法，所以要先明白这些屋顶的基本原理和构造层次。

1）绿化屋面（图5-19）。绿化屋面的做法需要在正常的屋面基础上，从上到下增加种植土基层、过滤层、排水层和防水层防穿刺等层次处理。不同种植类型需要的种植土厚度也有较大差别（表5-6）。如果采用斜向绿化屋面，还要考虑分区和防滑处理等。

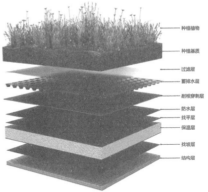

图 5-19 种植屋面构造层次示意

表 5-6 种植类型与种植土厚度

厚度 类型	草皮	小灌木	大灌木	小乔木	大乔木
种植土厚度 /mm	300	450	600	900	1000~1500

2）金属屋面。目前较多采用的金属屋面构造系统主要有长条形压型金属板

系统、平薄板咬接系统、模仿传统瓦屋面的小块金属瓦系统。

常见的压型金属板屋面系统主要有两种构造形式：搭接式螺栓固定构造及高立边锁扣式系统。

搭接式构造是采用螺栓穿透相互搭接的金属屋面波形板，常适用于坡度相对较大（常规坡度在 5% 以上）、防水要求不高的常规建筑。

高立边锁扣式系统虽然屋面板也是搭接处理，但在其相接处采用局部高起的锁扣式构造，使两者相互咬合，避免了螺栓穿透金属板的渗水隐患，使屋面防水效果更好（图 5-20）。

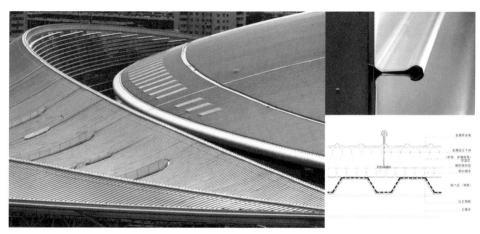

图 5-20 金属屋面高立边锁扣系统构造

2. 外墙构造

（1）基本构造 外墙做法基本分为三种：承重结构直接作为外墙、普通围护墙体做法和复合围护墙体做法。承重结构直接作为外墙，外部可以装饰处理或者不再单独做装饰，例如清水砖、清水混凝土或石材墙体等做法。普通外墙体即墙体仅是围合用途，做法包括装饰层、中间连接层和基层构成。装饰层即外部呈现的效果，或者是涂料、面砖，或者是石材、金属或玻璃等；基层就是围护结构墙体；中间层则作为装饰层和基层的连接，可能是采用砂浆或胶粘接，也可能是通过龙骨及连接构件等干挂形式。当然为了更好地满足使用要求，面层和基层间还可加入保温、防水、防火和防潮等做法。

复合围护墙体作用除了装饰围护之外（以幕墙形式为主，大部分是采取干挂的做法），还有一些更好气候适应性的新型做法（例如双层幕墙等）。

（2）幕墙的构造做法

1）基本概念。幕墙是指由支承结构和面板组成、可相对主体结构有一定位移能力、不承担主体结构所受作用的建筑外围护结构或装饰性结构。

2）幕墙类型。根据不同分类方式，幕墙有多种类型。例如从面层材料分为：玻璃、金属、石材、陶瓷板、微晶玻璃、陶土板幕墙等；按保温性能分为双层幕墙、单层幕墙（断桥隔热幕墙、普通单层）；按结构体分为刚性体系（钢结构、铝合金结构、玻璃体系）、柔性体系（拉索体系、拉杆体系）等。其中玻璃幕墙又分为有框和无框（按构造分类）、元件式和单元式（按施工、安装方式分）等几种。

3）幕墙基本构造

①单层幕墙干挂做法。根据前述概念看出，幕墙从外到内主要有面层（玻璃、金属或者石材、板材等）、支承结构体（主、次龙骨）和主体结构（柱和楼层梁）构成（图 5-21）。面层通过粘贴或者干挂件与支承结构相结合，并通过连接件与预埋到主体结构上的预埋件连为一体，将整个幕墙与建筑形成整体，并将幕墙受

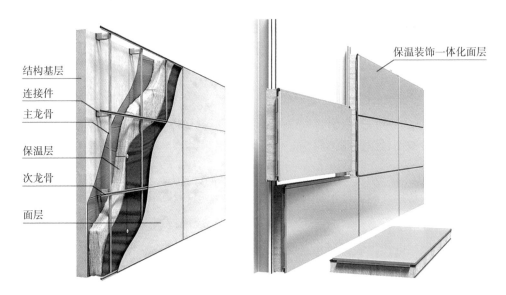

结构基层
连接件
主龙骨
保温层
次龙骨
面层

保温装饰一体化面层

图 5-21　干挂式单层金属幕墙构造示意

力传递到主体结构上。当然，为了达到保温、隔热、隔声、防水和消防要求，在不同层次间还需要加入保温层、防水层等层次。而玻璃幕墙还要为了采光、通风和视线要求，结合楼层高度和楼面位置确定开启扇和划分方式。

一般玻璃幕墙构造厚度约300mm（从结构外侧到玻璃表面），主龙骨宽度一般为100mm，深度为120~200mm，分隔尺寸一般为1200~1500mm。

②双层玻璃幕墙做法（图5-22）。除前面的单层幕墙外，双层玻璃幕墙也是一种新型节能幕墙做法。它是由内、外两层幕墙和中间的空腔组成，其优点是既具有普通幕墙的轻盈、通透，还有通风、隔热、保温等节能效果。

双层玻璃幕墙根据空腔的通风方式又可分为内循环和外循环两种。实际工程中外循环用得较多，即在外层幕墙上下设通风口。夏季时打开通风口，利用温室效应使空腔空气循环，从而带走热量；冬季则关闭通风口，减少内外热量交换。

外循环的内层做法和普通幕墙类似，采用中空玻璃和干挂构造，外层则采用单层玻璃和外层框架、单元或点式驳接等构造做法。空腔宽度根据需要设置，如果只作通风用，一般为160~280mm；有检修、清洗要求时，为400~600mm；当具有休息、观景、散步功能时可能大于900mm，并设有格栅。

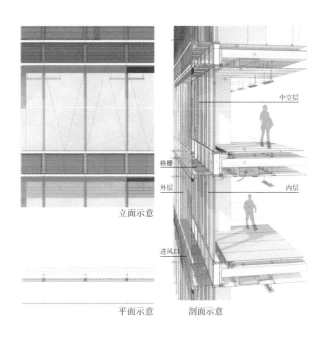

图 5-22　双层幕墙构造示意

5.2.5　材料常识

虽然学生阶段的方案设计不涉及具体的建造，但材料在其中的作用却极为关键，因为其关乎建筑方案最后的具体呈现效果，可以说同一个方案采用不同质感、纹理和颜色的材料其最后的效果完全不同。所以了解、熟悉不同材料的特性和用法也是学生的一个基本能力。但目前学生在这方面的知识却极为匮乏，这种局限也束缚了设计思维的开拓和创新。

大家可能认为普通材料难以让方案产生新意，但实际情况却是很多传统材料在一些建筑师手中焕发青春，出现了让人眼前一亮的做法。所以我们一方面应熟悉常规材料的常规用法，另一方面是要了解常规材料的新用法和新材料的特性、用法及在方案中的效果。但由于材料的种类千千万万，我们很难在简短的篇幅里把所有材料说清楚，所以只能根据材料特性进行简单分类介绍，使学生对其有一定了解，以利进行方案创作。

材料在其特性上主要包括颜色、质感（粗糙光滑、透明等）、性格（文化、工业特征）等方面。一般分类为常规材料（砖、石、金属、玻璃、混凝土等）和新型材料；从通透程度上分为透明材料（玻璃等）、半透明材料（玻璃砖、U 形玻璃、穿孔板、PC 阳光板、塑料、膜、透明混凝土等）和不透明材料；从其表面质感上分为柔软材料（膜材、木材）和坚硬材料（金属、石材、混凝土等）；从冷暖感受上分为温暖（木材、砖、织物）和冰冷材料（混凝土、金属、玻璃等）；从其对光线吸收反射角度分为镜面材料、亚光材料和普通材料。

1. 金属材料

（1）类型　除了最常用的铝板材料之外，还应掌握一些其他类型的金属材料。例如钢板里面有高强度耐候钢板（维也纳工商大学教学中心）、镀锌钢板、镀层钢板、搪瓷钢板（法兰克福工艺美术馆）、不锈钢板（盖茨黑德音乐中心）和波形钢板等（柏林 GSW 大楼）（图 5-23）；另外还有铜板（例如北欧五国驻柏林大使馆）、锌板（赫尔辛基现代艺术博物馆）、钛板（古根海姆博物馆）和其他特殊做法，包括金属丝网板（柏林 SONY 中心）、穿孔板（北欧五国驻柏林大使馆的丹麦大使馆、苏州礼堂等）（图 5-24）、凸凹花纹铝板（波茨坦广场

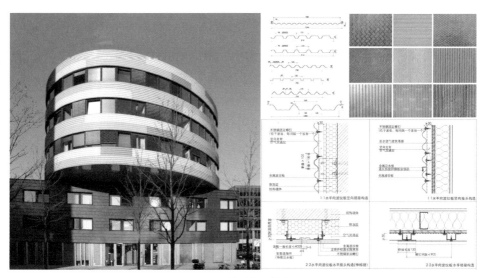

图 5-23 波形金属板应用

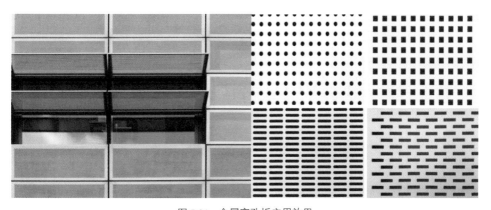

图 5-24 金属穿孔板应用效果

上的音乐剧场、南京六合规划展示馆）等。

（2）尺寸形状 金属材料主要做成板材，包括各种厚度的平板（常用厚度 0.6mm、0.7mm）、波形（或梯形）断面板、扣接式断面板、盒式块板、穿孔板、金属丝网板、凹凸花纹板材等。

国内幕墙常用的金属平板主要有纯铝单板、蜂窝铝板和铝塑复合板。一般铝单板厚度 2.5mm 和 3mm，宽度 1000mm、1200mm、1300mm、1500mm 和 1700mm，长度有 2000mm、2500mm、3000mm、4000mm 几种；蜂窝铝板厚度包括 10mm、12mm、15mm、20mm 和 25mm 几种，宽度 1220mm 和 1250mm，长度 2450mm 和 3650mm；铝塑复合板厚度包括 4mm、5mm、6mm 几种，宽度有 1250mm、1270mm 和 1500mm，长度 2440mm、3100mm 和 4500mm 几种。

波形（或梯形）断面板是将薄的金属板材（0.6~1.2mm 厚度）加工成波浪断面形状以加强整体性，长度一般控制在 4m 以下。

（3）做法　连接方式包括咬接式、明钉式、暗藏式铆钉固定和暗扣式等类型。不同连接方式适合不同类型的材料，并有不同的立面效果。例如咬接式适合薄平板材，连接缝包括水平形式、垂直形式和斜向形式；明钉式固定适合简易厂房屋面；暗扣式固定一般用于屋面板的安装。

2. 砖、石材料

常见的砖、石材料包括砌筑型块材和装饰型板材两种形式，除了各种砖、大理石、花岗石、砂岩和面砖外，还有陶土板、陶瓷砖等新的材料。

陶土板是天然陶土进行高温煅烧后形成的板材，具有绿色环保、无辐射、防火、质感淳厚和自然气息。有平板和槽板两种形式，标准长度有 300mm、600mm、900mm 和 1200mm 几种，宽度有 200mm、250mm、300mm、450mm，厚度从 15~30mm 不等。采用干挂方式安装（图 5-25）。

除了块材是直接砌筑外，大部分板材采用湿贴式、胶粘式或干挂式构造做法。湿贴方式适合薄的、小的块材（厚度 20mm 以下），主要用于低层建筑；胶粘剂粘贴适合小面积薄板（8~12mm）；干挂式适合厚重板材（20~50mm）、高档次或高层建筑，同时也更安全。

3. 水泥材料

（1）类型　常见的水泥材料就是混凝土制品，例如直接应用到外墙的清水混凝土，另外用得较多的预制外墙水泥材料就是水泥板。它是以水泥为主要原材料，经过特殊工艺加工而生产出的一种建筑材料，具有防火、防水、防腐蚀、防虫害、隔声的效果，可以直接作为外墙板使用。类型包括普通水泥板、纤维水泥板、纤维水泥压力板等。现在应用较多的是 GRC 板材（玻璃纤维混凝土），例如银川当代美术馆和扎哈·哈迪德设计的奥地利维也纳工商大学学习中心都是水泥板材料外墙（图 5-26）。

图 5-25　陶土板应用示意

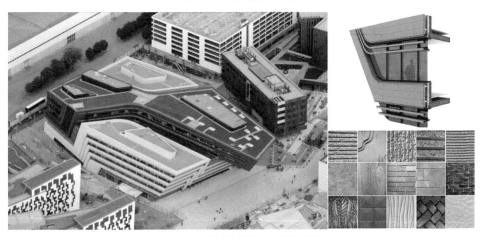

图 5-26　水泥板的应用及不同肌理类型

（2）尺寸形状　水泥板标准规格有 1200mm×2400mm 和 1220mm×2440mm，厚度有 2.5~90mm 等各种类型。主要也是采用干挂式构造做法。除了板的铺贴外，当然也有变形应用，例如北京建筑大学新图书馆外表皮即采用 GRC 网格的形式。

4. 玻璃

除了常规玻璃外，还有一些新型的玻璃类型，例如 U 形玻璃、玻璃砖和印刷玻璃等。

（1）U形玻璃　又称槽形玻璃（channel glass），它是一种断面为U形的玻璃，具有自重轻、耐候性及耐久性好，能够产生柔和的光线漫射效果（图5-27）。

U形玻璃常用于非承重外墙、内墙、隔断甚至采光顶棚、雨棚等。根据其断面受力特点一般沿竖直方向安装，厚度一般6mm、7mm，翼高41mm、60mm，宽度260mm、330mm、500mm，长度不超过6m。

（2）玻璃砖　玻璃砖是一种四周密闭、中部为空腔的玻璃块材产品，具有隔声、隔热、透光、防结露等优良性能。另外还有较好的装饰功能，经常作为室内隔断、室外围护墙体甚至地板材料、顶棚材料、窗户，具有柔和的光影效果（图5-28）。

常用玻璃砖规格尺寸有：115mm×115mm×80mm、145mm×145mm×80 (95)mm、190mm×190mm×80(95)mm、240mm×240mm×80 mm、300mm×300mm×100mm、240mm×115mm×80 mm。

玻璃砖墙体做法一般采用自承重方式，相互间通过砂浆粘接，与周边墙体连接可以采用槽钢固定连接或者耐候胶粘接的方式。有耐火要求时，墙体高度及长度均应不超过3m。

图 5-27　U形玻璃应用案例

（3）印刷玻璃（图5-29） 是一种通过印刷技术把图案打印到玻璃上的新型装饰材料。印刷玻璃尺寸能达到2.8m×3.7m。安装做法和常规玻璃类似。案例包括北京三里屯瑜舍、乌得勒支大学图书馆等。

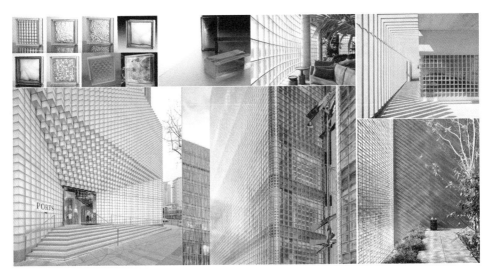

图 5-28　玻璃砖应用案例

图 5-29　印刷玻璃应用案例

5. 竹、木材料

（1）竹材 竹子是一种速生的天然材料，具有轻便、灵活和便宜的特点，同时还有良好的韧性和耐久性特性，甚至号称 21 世纪的钢材。所以，它既可以作为结构材料，也可以作为装饰材料。

竹子既可以作为整根使用，也能作为片材。整根使用时有捆扎、编织等连接方式，作为片材时有编织、粘接等方式做成网状、板材等。典型应用代表包括武重义和西蒙·维列等，尤其是武重义，真正做到了结构、材料和建筑美学的完美统一（图 5-30）。

（2）木材（图 5-31） 木材作为自然材料具有天然的亲和力和温暖感，用于外墙或室外地面时一般有木板、木(条)方等形式，但由于直接和室外气候接触，需要进行防腐、防火等特殊处理。木板外墙做法有搭接式、锁扣平接式和格栅式。

用于室外地面时一般采用防腐木或碳化木，木方长度一般有 2m、3m、4m、6m，截面尺寸（21~45）mm×（95~145）mm。

6. 其他有机材料

（1）PMMA（有机玻璃） 有机玻璃具有质轻、高强、高通透性、隔热性

图 5-30 竹材的不同应用案例

图 5-31　木材的不同应用案例

和耐候性等特点。

有机玻璃板厚度从 2~30mm 不等，可做成平板、波纹板、穿孔板等，尺寸能达到 2m×6m。建筑中适用于屋顶采光顶和玻璃替代品，最具代表性的应用案例是慕尼黑奥林匹克体育场。

（2）PC 阳光板（学名：聚碳酸酯）（图 5-32）　具有高强度、轻质、通透性、隔声性和易于安装等特点。通常使用它的半透明特征让光线穿透进来，该材料在建筑中，白天可以展现通透的日光，夜晚则透露出室内光影，具有朦胧柔和的光影效果，适用于学校、办公楼、图书馆和博物馆建筑等。

PC 板厚度从 0.7~8.0mm 不等，可做成单层平板、双层中空平板、三层中空平板、断面板（波浪形、梯形等）。应用于墙体时，类似金属波纹板做法，可采用螺钉、铆钉固定到龙骨上。代表性的应用案例包括伦敦拉班中心（外墙）和广东省体育馆（屋顶）等。

（3）ETFE 膜（四氟乙烯）（图 5-33）　ETFE 膜具有高韧性、高强度、轻质、强防火性和优越耐候性等特点。建筑中可单层使用（一些膜结构小品）或者作为气囊使用。主要做法有骨架式膜结构、张拉式膜结构、充气式膜结构和组合式膜结构几种。可通过裁剪、焊接达到各种形状和尺寸，具有非常大的使用灵活性和自由度。

代表性的应用案例包括安联足球场（屋顶、外墙应用）、英国伊甸园（屋顶、外墙应用）、水立方（屋顶、外墙应用）等。

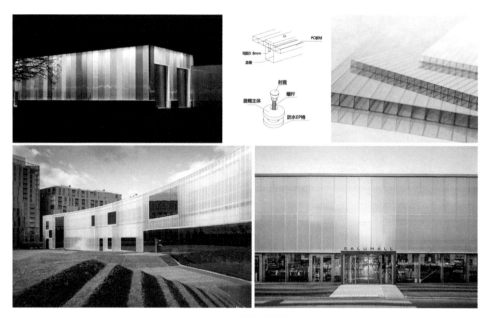

图 5-32　阳光板应用案例

图 5-33　ETFE 膜结构应用案例

5.3 设计成果汇报

方案完成后，重要的还要把它表达出来。特别是对于复杂的建筑，通过讲解和介绍能使人快速理解方案，明白设计者思考的角度和解决问题的办法，并使别人接受。这也是实际工作必备的一项技能。

5.3.1 充分做好前期准备

一个方案汇报的基础是充分做好前期准备工作，主要包括两部分内容：一是辅助工作内容；二是方案本身的内容。

1. 辅助工作内容

辅助工作内容主要包括准备汇报材料、熟悉汇报环境和相关设备。

准备汇报材料一定按讲解顺序和层次关系进行，避免前后内容没有衔接，缺乏组织和连贯性，也避免讲解时前后来回寻找相关内容造成场面混乱的状况。

由于方案涉及内容较多，就需要合理地组织和安排相关内容，内容安排要有前后、主次，大概分为前期分析、思路形成和设计内容几部分。前期分析大致包括项目总体方面的背景（简单叙述）、存在的问题和矛盾等；思路形成大致包括设计的出发点或者理念，通过什么方法解决了什么问题；设计内容包括总体方面的布局，包括出入口设置、交通组织、轴线关系、建筑风格、沿街天际线、日照、指标等；单体设计包括平面功能分区、交通组织、特色空间以及造型方面的考虑等；细节方面的其他特色。

熟悉环境和设备也是汇报开始前的重要准备工作，但也是同学们目前经常忽视的问题，造成在汇报时出现没有相关软件打开文件、版本不兼容、不能播放、字体乱码等各种问题，严重影响汇报效果。

2. 熟悉方案及汇报内容

正式汇报前必须非常深入地了解方案本身和汇报内容，最好能试讲几遍，只有这样你才可以做到心中有数并能发现问题，在别人提问的时候才能知道他说的是哪里！

5.3.2 主要方式

表达方式一般有以下几种。

1. 渐进式（普通型）

最常规的讲解方式，按发现问题、分析问题和解决问题的步骤以及从总体到局部的顺序进行。一般是先列好内容提纲，从任务书理解、案例分析到理念形成，从总图布置到单体设计，再到细节及内部空间，层层递进，逐渐展开。这种方式的优点是适合所有人群和所有设计类型，缺点是较难出彩。

2. 代入式（讲故事型）

适合表达能力强的同学。方案介绍不是按前面所述的顺序展开，而是从某个对方案形成有价值的点或者提出某个关键问题开始，然后围绕此问题再层层展开，使听众直接进入设定的故事氛围中。这种方式的优点是容易吸引人，缺点是不好把握，对讲解人要求较高。

5.3.3　注意事项

不管采用何种表述方式，一定注意下述事项。

1. 逻辑清晰

汇报时必须注意讲解的逻辑性，这也是最重要的。很多学生讲方案根本不知道从哪里开始，经常从一个小地方说起，缺乏层次关系，让人听得云里雾里，不知其所以然。所以在准备汇报材料和平时与老师交流时一定养成一种从总体到局部或者说从大到小的习惯。和内容的对应上一般是效果图、前期分析、理念生成过程、总图布局、单体平面布局和细节设计等顺序。

2. 主次分明

方案汇报不需要事无巨细，面面俱到。因为大部分汇报的时间都很短，这就需要抓住重点，突出特色，才能让人短时间内快速理解方案并留下深刻印象。有的同学在前期费时较长，到关键部分却没有了时间，只能草草了事，明显对时间把握缺乏经验；或者是讲解时对整个内容平均用力，没有重点，难以吸引听者的兴趣和注意力。这时就需要在汇报前就总结出方案特色和重点，并在重点部分着力强调，可以通过加重语气并配合图面效果来强化。

方案汇报的重点可以分为三个层次：第一层次是理念生成、总图布置、功能组织和技术指标几方面；第二层次是建筑造型、交通流线组织和空间设计方面；第三层次是环境设计、细节处理及其他。可能很多内容会一带而过，但准备一定要充分、全面，这样既能根据讲解时间灵活调整，也能在提问时随时找到相关内容进行解释，避免紧张，否则让人感觉准备不够充分，思考缺乏深度。

3. 仪态自然

很多同学进行方案汇报时背对观众或者直接面对计算机自顾自说，完全无视老师和同学存在，一方面是声音效果不好，另外也缺乏基本礼节，必然给人留下不好印象。

4. 注重细节

一是注意个人的精神面貌，刚熬完夜后的汇报状态和休息充分时的状态差距巨大；二是讲解时应时刻注意观众的反应，根据其表情变化或者注意力适当调整讲解内容；三是面对老师的提问或质疑不是拼命去解释或者掩盖，而应实事求是；四是汇报的 PPT 应丰富、美观，经过设计。

第6章
设计理念转化的美学基础

前面说过，建筑学专业知识内容大致也分为虚、实两大部分，涉及理论和美学方面的虚的内容和涉及科学、技术方面的比较实的内容。其中美学方面的内容又是最难以把握和提升的，也给学生带来很多苦恼和障碍，同时直接影响其学习积极性和自信心。因为单纯满足功能要求也许比较简单，但使用的舒适性、趣味性感受和美的需求是对建筑的高层次、综合性要求，也是提升建筑品质的必需。

最简单、基本的美学方面内容就是表达方案成果的版面设计。

6.1

版面设计

版面效果是方案设计成果呈现出的第一印象，也是最基本的美学能力体现，但大部分同学仍然存在不少问题。

6.1.1　存在的问题

版面设计容易出现的问题一是图面过空，内容不够丰满；二是图样内容之间缺乏统一性和联系，图面效果凌乱；三是图面整体较为平淡，缺乏亮点或特色。为了提升图面效果，需要掌握一定的版面设计原则。

6.1.2　基本原则要求

1. 统一中有变化

任何设计需要掌握的第一美学原则是"统一中有变化"。可见统一是一个设计的前提，也是学生目前最易犯的问题，包括最基本的版面设计也是如此。经常是图面统一就会变得死板、生硬，而变化就会变得混乱，难以取得两者协调。

2. 重点突出

版面设计的第二个原则是要重点突出，即每张图都应该有个视觉中心。一个均匀平淡的布局难以具有吸引力，而明确的视觉中心才是决定能否让人停下的重要因素。一般来说图面重点又会和前面的变化相结合。

3. 风格明晰

版面设计的第三个原则是图面效果塑造应有一定的风格或意境。但这种要求稍高，除必需的图样内容外，还需要增加部分辅助性内容和材料，所以适合水平较高学生，普通学生能按下面四条操作方法做好就已不易。

6.1.3　具体操作

1. 版面构图类型

从图面横竖方向上分为竖版和横版构图；从版面布局上主要分为上下分割型、左右分割型和中轴对称型；从图面内容丰富性上分为普通型、满版型和留白型；从构图灵活性上分为规则式和自由式两种（图 6-1）。

2. 版面操作规则

版面设计属于平

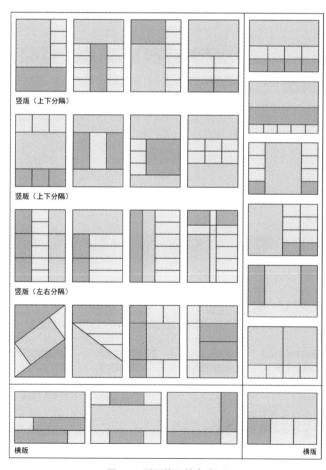

图 6-1　版面构图基本类型

面设计的一种，在《写给大家看的设计书》一书中提出优秀平面设计的四大原则，即：亲密性、重复、对齐和对比，并对颜色和字体在设计中的应用进行了研究。显然，上述四个原则描述的也是统一与变化的关系问题，是平面设计美学的核心问题。所以，这些策略对建筑学专业也有非常好的借鉴意义和非常高的实操性，很适合学生进行版面设计甚至平、立面设计的学习（图 6-2）。

（1）亲密性　所谓亲密性是指彼此相关的设计内容应当靠近归组在一起。如果多个内容相互之间存在很近的亲密性，它们就会成为一个视觉单元，而不是多个孤立的元素。这有助于组织信息，减少混乱，为读者提供清晰的结构。

建筑方案图样一般会由大、中、小不同尺度和性质的图构成，同时又有前后顺序要求，如果缺乏有效组织，很容易就变得混乱，所以首先需要根据亲密性原

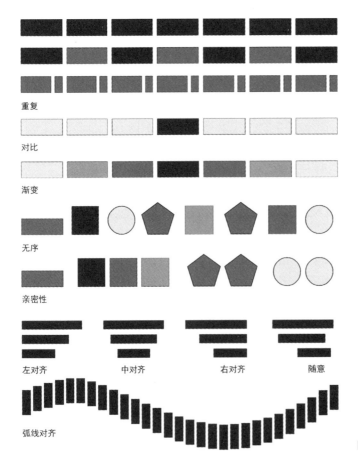

图 6-2　平面设计的基本原则

则进行分组。有的组可能是独立的一张图（例如大的透视图、鸟瞰图、平面图等），有的组可能是多个小图构成（局部透视图、分析图等）。例如各种分析图属于同类型内容，可以组织在一起；平面图属于同一类型，也应统一组织；而不同角度的透视和立面、剖面图则分属不同类型内容，最好分开排布。

（2）重复　所谓重复也是建立一种秩序，是指让设计中的视觉要素在整个作品中重复出现。这种重复，如果对于多张图样，则指所有图样均应为大致相同结构的版面设计，或者虽不致完全相同，但要有一定的重复性，让人觉得表达的是同一个方案。具体到某一张图的重复，可以重复颜色、形状、材质、空间关系、线宽、字体和图片大小等。例如上述的亲密性也是一种重复：构成同一组的图样在大小、颜色等方面应该大致相同；二是组与组之间也应有一定的尺度重复，避免有过多尺度而陷入混乱。

这样一来，重复既能增加条理性，还可以加强统一性。当然，这种重复不一定完全一模一样，还可以是从大到小的不同尺度或者某种有明显秩序的重复。

（3）对齐　所谓对齐是指任何设计元素都不能在页面上随意安放，而是整张图样和各组内容之间应该都有清晰的边界，包括上下、左右的对齐关系。简单说就是整张图样和其中各组内容都应有清晰的边界，各组内部的每个元素也都应当与旁边的另一个元素有某种视觉联系。这样能建立一种清晰、精巧而且清爽的外观。

最简单的对齐是直线对齐，即图样外围轮廓和内部划分均为直线方式。除这种形式外，当然也可以采用曲线对齐或者其他有明显秩序控制的对齐方式。

（4）对比　所谓对比是指要加强局部图面的变化，避免图面上的元素太过相似，如果某些元素（如字体、颜色、大小、线宽、形状、空间等）不相同，那就干脆让它们截然不同。例如每张图一般都应由大小不同的组来构成以加强对比性，而不是采取平均尺寸。

采取对比的另外一个目的是使每张图样都有个重点或中心。一般通过强调某部分内容的尺寸、颜色、形状和复杂性等方面达到，所以大部分选择颜色和内容丰富、尺寸较大的透视图、平面图等作为图面中心。要让图面引人注目，对比通常是最重要的一个因素，正是它才能使图面有重点、有趣，才能吸引读者的目光。

具体到单个图样上，每个小图也应有自己表达的中心，但要在符合本组定位的基础上。另外在图样之间的空隙上，也应体现一定的对比性，主要组之间的空隙和组内图样之间的缝隙应该有所差别。

　　同学们在排版时应有意识地注意上述四点，看图面布局是否遵从上述几个原则。从上面的四条原则也可明显看出：亲密性、对齐和重复更多是强调图样的统一性，而对比则更强调突出图样的视觉中心和变化特征（图6-3）。但用好上述四个原则的前提是要有充足的图样工作量和具有一定的图样设计深度。

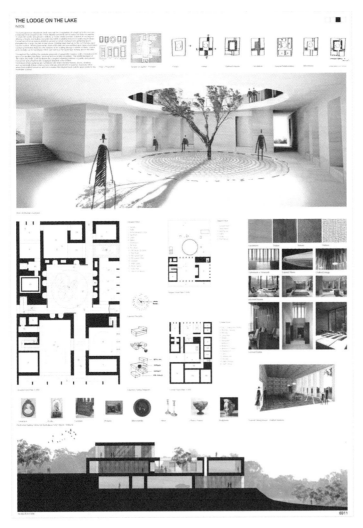

图6-3　能达到基本要求的版面设计

6.2

总平面设计

总平面是设计理念落地转化的第一步，也是关乎方案大方向的问题。首先需要落实很多问题：例如建筑大致形状、尺寸、位置、外部交通组织、场地出入口设置、环境考虑等；二是在落实过程中还会存在多种可能，所以进行多方案比较取舍是此时期的关键，特别是应多考虑几种差别较大的思考方向，需要反复揣摩建筑形体及与环境的关系。具体操作过程中还要注意以下几点。

6.2.1 注重与环境的整体协调、统一

学生在方案设计时就应具有这样的意识：即所有的建筑都不是孤立存在的，

而是和周围的环境共同构成
一个整体，同时建筑本身也
应协调、统一。重点注意以
下几方面：

图 6-4　统一而又变化的整体环境

一是注意与外部环境的
协调。包括建筑体量、布局
与周围环境、交通和风格的
衔接、呼应；对外部景观的
借用；建筑体量、轮廓、退
线等对规划要求的符合；建
筑布局、朝向对气候环境的
适应考虑等（图 6-4）。

二是注意与场地条件的协调。包括建筑布局应考虑与场地形状的呼应；对竖
向现状的应对；对现存景观或遗存的尊重与利用等。

三是注意建筑自身的协调、统一。布局所采用的形式是否和理念及建筑性质
符合？建筑本身的比例、尺度是否恰当？与功能的符合性是否合理？

6.2.2　注重总体布局的合理性

总体布局主要是对建设用地进行不同功能分区和组织，主要内容包括建筑用
地、各种场地用地（广场、绿化、水面、休闲、体育、停车等场地）、道路用地
和出入口设置等。

总体布局首先应注意各功能分区的合理性。即各功能区构成、位置、形式、
相互关系、规模设置及与外部联系符合使用要求，并与前面的环境统一相结合。
第二是交通组织的合理性。各用地间通过道路进行分隔、联系和组织，因此出入
口和道路设置（包括机动车和非机动车交通）应满足日常使用和消防需要，并与
环境氛围相结合，共同进行交通路线组织。

在具体操作层面上，例如根据设计理念及对建筑用地、建筑规模和建筑容积
率、建筑密度等要求进行分析，就能大致确定采取集中式还是分散式布局，建筑

的层数大致为几层。而根据景观、朝向、功能相互关系及规划条件（各种退线及高压线、加油站、洪水线、铁路线等限制条件）大致确定建筑的位置及方位关系，根据分析内外交通条件、主要人流方向及规划要求基本确定场地的主次出入口和建筑的各出入口；根据功能分区原则（主次、内外、动静、洁污、商业价值等）确定建筑在场地中的位置及与出入口的关系。

6.2.3 注重环境层次和氛围塑造

从场地外部环境到建筑内部需要经历几个层次：首先从外部城市道路进入建设场地，再经过不同氛围的环境场地到达建筑出入口，然后经过建筑出入口进入到内部空间。

实现这个过程需要注意几个问题：场地有几类使用者，他们如何从外部进入场地，设几个出入口？坐车还是步行？如果是乘车有无内外之分且如何停车？如果步行到达建筑前如何给他不同的体验，是开敞还是封闭环境？是热闹还是安静氛围？是商业性质还是文化特性？不同的建筑会有不同的环境感受和场所感（尤其是特殊的建筑类型，例如纪念性建筑）。这种整体环境感受的获得不是随意画画就能实现的，而是需要建筑师来设计塑造。

这些不同性质其氛围适合的建筑是不同的，需要的环境处理手段也是不同的。例如商业建筑给人的感觉是轻松快乐的，纪念性建筑是庄严、肃穆或者悲痛的，而学校建筑给人的体验应该是具有文化氛围的，这就需要专门的外部环境设计。

6.3

平面设计

在方案设计阶段涉及形式与美学方面的部分主要包括平面设计、内部空间设计和外部造型设计三大部分,三者虽属于不同部分内容,但又相互关联,不能分开,必须统一考虑。但由于其尺度和复杂性难以整体把握,所以顾此失彼现象突出。

6.3.1 平面的基本内容构成

平面设计过程也就是空间塑造的过程,就是如何把各种不同类型、大小的功能空间有机组织到一起。而功能空间根据其特征的不同又有下面几种分类方式:

1. 从功能构成分

从功能构成上一般分为：主要功能空间（例如办公建筑的办公用房，学校建筑的教学用房，展示建筑的展厅等）、次要功能空间（例如服务用房、卫生间、管理用房、储藏室和设备用房等）和交通空间（又分为水平交通、垂直交通和交通节点。垂直交通包括楼梯、电梯，水平交通包括走廊、坡道等，交通节点包括门厅、中庭和过厅等）三种类型。

主要功能空间满足建筑的使用功能需要，是建筑的主体，面积最大；次要功能空间是为满足建筑正常使用的公共服务功能，面积虽小，但也不可或缺；交通空间是连接和组织主次功能空间的用途，类似人体的血管和神经，更是起到关键作用。

2. 从空间虚实关系分

从空间虚实关系上来说，平面设计又可认为是虚实空间的组合：主要功能空间因为尺度大、数量多，所以为虚，次要功能空间和交通空间少而小则为实。按图形点、线、面关系看，主要功能空间可认为是面，次要功能空间和交通空间可认为是线和点。

3. 从基本构成单位分

在空间组合构成上，平面设计又可认为是基本空间单元的组合。例如对于医院建筑，每个科室可认为是基本空间单元；办公建筑的每个部门可认为是基本空间单元；展览馆的各个展室是基本空间单元；对于学校或者幼儿园，可认为每个班级活动单元是基本空间单元。

4. 从内外关系分

从空间内外关系又可分为内部空间、外部空间和灰空间几种。内部空间即有屋顶和四周围合的空间，外部空间是指有边界但无屋顶的空间，而灰空间是指有屋顶而无完整围合的空间。平面设计就是要考虑不同空间关系的协调与搭配。

6.3.2　平面设计的评价原则

平面设计的标准虽难评价，但也有对错和好坏之分。对错内容（例如楼梯数量和尺寸、卫生间数量、采光或通风要求等）一般是有明确要求的，如果出现问题是会直接影响正常使用、安全和健康，必须严格执行相关要求。而好坏内容（例如内部空间趣味性和丰富性、卫生间形状位置、楼梯采光、房间朝向等）则是针对使用感受（例如方便性、舒适性和合理性等）和经济性的。评价平面设计是在避免出现错误内容基础上针对整体感受而言，需要达到以下几个基本要求：

1. 功能布局是否合理

即功能内容构成、分区及面积分配符合实际使用、功能流线及原则要求，各空间设计满足使用者需要和健康、舒适性要求。

2. 交通流线是否便捷、清晰

即各功能分区内部和相互之间的交通流线分类清晰，使用方便、简洁、通畅。

3. 公共节点空间处理是否有丰富性和趣味性

建筑内部各主要公共节点空间是提升建筑品质的重点，应设置丰富，处理具有趣味性。

4. 平面整体设计是否统一和协调

平面整体一是应做到和周围环境的协调、统一；二是平面本身秩序明确、组织有序，和建筑性质相符；另外就是平面本身的比例、尺度协调。

功能关系处理、交通流线组织和空间营造是建筑平面设计的基本要求，也是成为一个职业建筑师前必须具有的看家本领。为了达到上述要求，设计时需要遵从以下几个原则。

6.3.3 平面设计的指导原则

1. 秩序性

建筑平面需要在一定的规则（秩序）指导下进行设计。主要目的是达到平面组织的统一性、协调性和使用的合理性。规则主要包括功能组织的分区性原则及组合的美学性原则。

（1）功能分区　前述对平面功能进行主、次和交通分类是从建筑整体角度或空间性质而言，而功能分区则是针对主要功能部分进一步划分，特别是复杂的功能，有不同类型的使用者或工艺流程需求，更需要明确不同的活动区域和相互关系，避免混乱和相互干扰。

1）分区原则。对功能进行分区是功能组织的前提，也是设计的必需阶段。功能分区的原则包括主次、先后（或时序）、内外、动静、洁污、公私和价值高低等几方面（图6-5）。

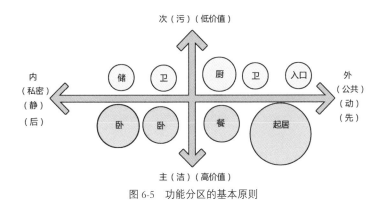

图 6-5 功能分区的基本原则

主次分区需要明确建筑的主要功能空间和次要功能空间以及对应的主要使用者和次要使用者。先后是指不同功能空间的使用具有先后顺序，例如观演建筑中的售票厅、门厅、观众厅和舞台、后台空间布置，就要有前后顺序，机场建筑中的值机、安检、候机等空间排布和餐饮建筑中的餐厅（就餐区）、备餐区和操作区（厨房内部空间）布置也都有先后顺序。内外则是指使用人群的性质：哪些空间是供外部人流使用？哪些是内部人员使用？例如博物馆中的参观人流和办公、管理人员就具有内外之别，餐饮建筑中就餐和制作部分人群就有内外之分。动静则是对不同空间的环境需求进行分类分析：哪些需要安静环境？哪些空间干扰影响大？洁污是对不同空间的环境影响进行分类分析：例如厨房操作间、医院部分放射性、传染性房间和卫生间等具有污染可能的需要和其他类型房间进行隔离。公私则是对各种空间的开放程度进行分类分析：哪些空间可以对公众完全开放？哪些半开放？哪些需要适当隐蔽？例如旅馆建筑中服务用房和客房，住宅建筑中的卧室和客厅都有公共和私密区分的要求。价值高低一方面是从商业角度分析，二是从朝向、景观角度考虑。沿街位置、好的朝向和景观位置等都属于价值高的，而偏僻、朝向或景观差的则价值就低。

2）布置方式。根据上述功能分区原则对功能房间进行分析，会形成各个不同的功能空间组团,组团间根据相互远近关系通过交通空间和其他辅助空间联结,形成所谓功能泡泡图。例如展览馆或美术馆建筑,主要功能是展示用房和交流用房,次要功能是办公用房和辅助用房;观众参观使用部分是对外功能用房,技术、管理人员使用部分是内部用房;展示用房需要安静,活动用房则为闹的环境。

除了泡泡图外,根据功能远近关系或者使用的先后次序分析也是一种方式;另外像矩阵分析图也是分析功能相互关系及各自需求的较好方法(图 6-6)。

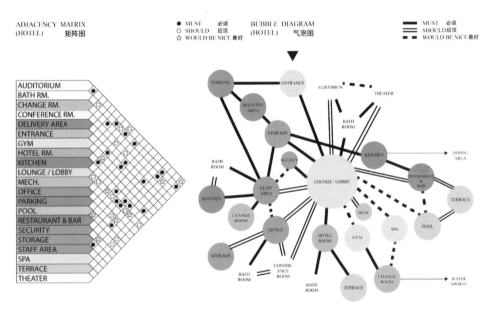

图 6-6　功能矩阵、泡泡图

依据功能分区原则,各组成部分的相互位置关系会分为前后、左右和上下三种平面布置方式:即对外功能空间放在建筑前面或者下部,对内使用部分放在后面或者上部;开放程度高的放在靠近建筑外侧或者下部,开放程度低的放在里侧或者建筑上部;价值高的放在外侧,价值低的放在里侧;要求安静的放在里侧或者建筑上部,没有明确要求的放在外侧或者建筑下部。功能复杂,要求类似而又用地富裕的,可能会多个功能区左右平行布置。

依据其环境对应关系则是优优对应。因为每个用地条件都会有好有坏,这就需要根据空间需求相应选择:即主要功能空间需要有好的朝向、好的景观环境和

高的价值，而次要功能空
间则可安排在稍微差点的
环境里。

　　通过上述的分区原则
处理，至少能达到功能使
用的合理性。

　　（2）组合的美学原则
仅仅满足上述的分区原则
还远远不够，平面设计还
需要在一定美学规则指导
下设计，以达到统一、和谐。
其关键一是处理好平面组
团的相互关系；二是应用
好轴线、网格等秩序法则（图6-7）。

图6-7　动植物结构都有明确的秩序性

　　1）充分运用好亲密性、对齐、重复和对比法则。除极少数建筑外，一般每
个建筑都是由大量空间构成。一定数量的空间又构成"组"或者基本单元，不
同基本单元的组合构成平面布局。组合方式也需要遵循亲密性、重复、对齐和对
比的原则。

　　①亲密性。亲密性既可能是同功能类型的房间（例如宿舍、客房、教室、办
公室等）组织到一起构成基本单元，也可能是功能完整的一组构成基本单元（例
如医院一个科室、病房单元、展厅、研究所等）。需要注意的是，单元类型不应
太多。

　　②重复。平面设计某种意义上就是基本单元在水平和垂直方向上的重复。水
平方向上的重复就构成了平面的主要布局方式，垂直方向上的重复则是构成基本
体块。简单的形体就是一个基本单元在竖向重复，但更多的是下面的处理：一是
重复不是简单重复，而是以一定规律或规则重复所形成连续的变化。这种规律可
以是形状，也可以是骨骼，但必须有规律；二是大部分重复伴随对比而存在。重
复的目的是形成秩序和统一性。

③对齐。基本单元重复时（包括垂直和水平方向），相互的关系应该是具有一定的边界对齐规律：即沿直线、弧线或者折线等边界进行，而不是随意为之，否则必然引起混乱。

④对比。较多简单的重复必然带来单调，所以需要对局部单元进行改变以带来变化，这种改变可能是尺寸、形状或者是色彩。目的就是通过对比形成强烈的冲突和截然不同的呈现。对比的应用一定要夸张和鲜明。

2）运用好轴线、网格等规则

①轴线。作为一种导向性与方向感强烈的线性秩序组织规则，轴线是构建设计逻辑、组织空间次序、加强图形认知的一种基本设计方法。特别是群体性建筑和复杂环境内的建筑，平面各部分之间的联系，形式之间的连贯、完整、统一，采用轴线是建立平面和空间秩序的一个基本手段（图6-8）。

简单的秩序可能只有一条轴线，通过结合外部环境、景观、广场、建筑、内部庭院、道路等的有序布置和两侧端点的强调来形成可见（与走廊、通道结合）或不可见轴线。复杂建筑的轴线可能会有多条，一般是在一条主轴线上生发一条

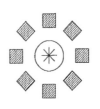

a）linear单轴线线性组织　　　　　　c）central圆形组织

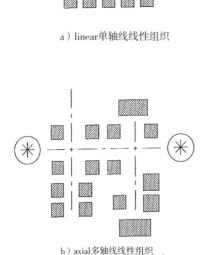

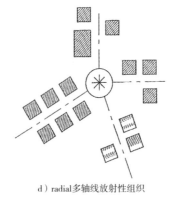

b）axial多轴线线性组织　　　　　d）radial多轴线放射性组织

图6-8　不同轴线组织方式

或多条次轴线，或者并行多条轴线（例如大型群体建筑等）。多条平行轴线或者是生发轴线时，需要注意轴线交点、端点及转折处的处理，交点、转折处一定要有交代或者暗示，端点一般应有结束处理（设置建筑、雕塑、山水等）。例如广岛现代美术馆、苏州博物馆扩建。另外，轴线处理不能过于直白、简单，需要进行一定的变化（收放、宽窄、起伏等），避免单调和生硬。

作为最基本的轴线方式，对称的特征是庄重、严谨、空间方向明确，并有天然的仪式感。对称有左右对称、平移对称、旋转对称和膨胀对称几种类型。目前除了少数政府办公类建筑外，完全左右对称的做法越来越少，因为其显得过于正式甚至单调。

②网格（图 6-9）。如果轴线主要控制线性空间秩序的话，那么网格则是控制空间水平展开的一种秩序方式，类似蜂巢、细胞的排列。排列既可能是规则的有明显规律的方式，也可能是自由灵活的排布。这种方式适合基本单元较多的建筑，例如学校、展览馆等，也适合各种地形。

网格的形式有正方形、三角形或者菱形等类型，也有多边形网格或者在此基

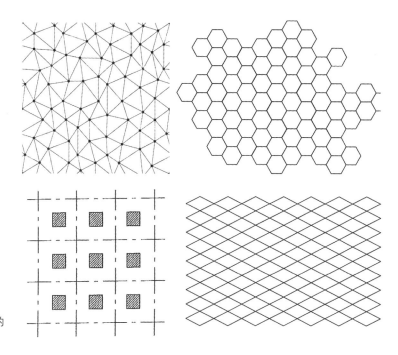

图 6-9 不同形式的
网格结构

础上的变形。

2. 层次性

层次性主要针对内部空间而言，主要目的是通过有组织的设计让使用者或参观者具有深刻的体验，主要体现在使用者从外部到达内部房间的交通路线上及主要空间节点处理上。

（1）行进的过程具有层次　这种要求简单说就是从建筑入口到具体功能空间的行进过程应尽量避免布置过于简单、直接，而要在行进的过程中设有适当的转折和不同的节点空间，使行进过程变得丰富而有趣味。另外由于这种行进主要是通过交通空间实现，而人流量一般是逐渐减少，所以不同节点处的公共空间在规模和私密性上也应体现出区别，会使行进过程变得有层次和变化。

（2）节点空间具有层次　节点空间既可能是面积较大的中庭或门厅，也可能是公共走廊的端点，还可能是楼梯附近的小平台。这些节点空间在尺度上是由大到小，在公共性上是逐渐降低，这些空间在大小、开合、内外、高低、明暗、公私等方面具有不同形式特征，来产生空间层次的变化。

3. 趣味性（重要节点空间处理）

平面设计满足前述的层次性和秩序性还不够，还需要考虑建筑内外趣味性节点空间的塑造，即平面中重要节点部位需要特殊处理，主要目的是加强空间丰富性和趣味性的塑造（图 6-10）。

根据节点空间的部位一般分为三种：外部节点空间、内外边界空间和内部节点空间。

图 6-10　空间趣味性处理

外部节点空间主要是指建筑外部环境空间的处理。优秀的建筑不仅是指单体建筑，还包括其外部的环境。例如与建筑主入口对应的外部节点或者主要内院就需要认真对待。

内外边界空间主要是指建筑内部空间与外部环境交界部位，典型代表就是灰空间。

内部重要节点空间一般结合交通节点部位（门厅、中庭、庭院等）、楼梯和走廊转折处及主要空间等重点位置。因为这种位置人流量比较集中，所做的趣味处理能使更多人利用和体验到。虽然现在很多同学也做处理，但不是位置偏僻，周围房间功能次要，服务人群少，就是处理得味道不足，作用效果就非常有限。关于内部重要节点空间的塑造具体见 6.4 章节。

6.3.4　平面设计的组合操作

平面设计是各组成空间通过一定的规则或秩序在水平或垂直方向上进行组合，所以了解基本的组合规则或秩序是进行设计的前提和基本功。这种秩序的主要体现是基于组织法则和交通路线的统筹考虑，组合方式包括点、线、面的方式（例如集中式、线性、放射式、自由式等），具体采取哪种组合方式主要是根据用地情况和建筑性质来确定。

1. 集中式组合

集中式组合又分为两种类型：一是强调突出主导空间，以一个规模占绝对控制的空间为中心，运用对称、螺旋、放射、向心等规则在其周围围合一些辅助性空间，这种方式适合一些以大空间功能为主的建筑类型（例如机场、车站、体育馆、电影院、剧场等）。二是空间虽然较多，但没有绝对规模的空间，只是把各种功能空间通过简单的形状集中到一起，或者把简单平面形状根据功能进行划分，适合用地紧张或者功能紧凑的建筑（例如博物馆、展览馆等）。

设计的重点是选择恰当的平面形式和协调好主次空间的比例关系。

第一种代表性案例有印度巴赫依礼拜堂、达卡国民议会厅（路易斯·康设计）、苏格兰展览和会议中心（福斯特设计）（图 6-11）等；第二种像波兰什切青新爱乐音乐厅（图 6-12）、SANNA 的 21 世纪美术馆（图 6-13）、巴伦西亚会议中心

（福斯特设计）、北京市房山区兰花文化休闲公园主展馆（BIAD 设计）、刘海粟美术馆（同济大学建筑设计院设计）等都属于此类。

2. 主从式组合

主从式组合即平面主要由两个单元构成，也是应用较多的一种方式。一般把

图 6-11　集中式平面（苏格兰展览和会议中心）

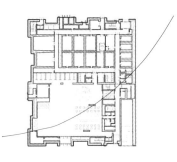

图 6-12　集中组合式平面（什切青新爱乐音乐厅）

图 6-13　集中组合式平面（21 世纪美术馆）

主要功能作为建筑主体，把其中一部分空间（报告厅、阶梯教室或某个部门用房等）作为从属空间。当然也包括两个空间规模差不多的情况。两者的位置关系包括相交、分离或者邻接方式等。

常规做法是两者交错咬合，形成穿插效果，使形体产生变化。例如乌镇大剧院（姚仁喜设计）（图 6-14）、鹿野苑博物馆（刘家琨设计）和日本加号住宅（富士山工作室设计）都是穿插式设计。

另外一种分离式做法是主体形状较为简单，而附属部分则较为复杂，并增加高低对比变化，形成丰富而又变化的效果。例如无锡大剧院（PES-Architects设计）（图 6-15）、博塔设计的清华大学人文社科图书馆和云天化办公楼（孟建民设计）等。

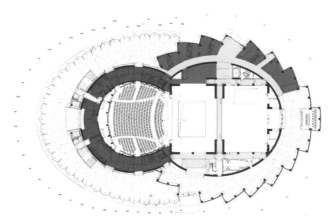

图 6-14　穿插式平面
（乌镇大剧院）

图 6-15　分离式平面
（无锡大剧院）

3. 线性组合

线性组合也是一种常用的组合方式，是把基本单元（或类似单元）通过线性的交通走廊组织起来的一种组合。适合功能性类似的建筑类型（例如学校、宾馆、办公、医院、疗养院住宅等）和用地宽松的建筑，也适合各种地形状况。设计的重点一是选择恰

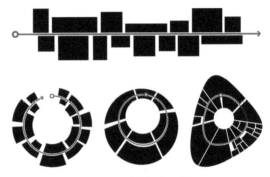

图 6-16　线性组合示意

当的单元形式；二是处理好重复与对比的关系：即如果有较多的重复单元，则可把局部单元或者节点部位进行变形处理以增强变化（图 6-16）。

几种常见做法：包括 U 形、H 形、口子形、E 字形、井字形、线形（包括折线、弧线等）、鱼骨式等不同形式及其变形。例如口子形的西村贝森大院（刘家琨设计）和法国 Froelicher 高中重建等；U 形的高黎贡手工造纸博物馆（华黎设计）（图 6-17）；直线形的国际天文总部（Bayer AG New Headquarters 设计）、德国盖尔森基科学公园、波尔多法院大楼等；折线形的犹太人博物馆、鄂尔多斯美术馆、万科总部等；弧线形的芝柏文化中心、burda 媒体公园、太原博物馆等；鱼骨式的孝全民族小学灾后重建（华黎设计）和北京房山四中（OPEN 事务所设计）等。

4. 放射形组合

放射形组合是把重复单元（或类似单元）通过放射形统一起来的一种组合。适合用地特殊和宽松的建筑类型。由于形状的特殊，需要注意用地的充分利用和周围环境处理的统一性，并避免各部分视线、采光、通风的相互影响。

几种常见做法：包括 Y 字形、风车形、自由式等做法。例如 Y 字形的迪拜哈里发塔；米字形的赫尔辛格精神病院；风车形的艾弗森美术馆（贝聿铭设计）和上海临港新城皇冠假日酒店（图 6-18）；花瓣形的加特·内维尔别墅（MAKE 建筑师事务所设计）、上海东方艺术中心（安德鲁设计）、stone flower（博塔设计）；崔恺设计的泰山桃花峪游人服务中心；张雷设计的南京六合规划展示馆；河南艺术中心既可认为是两个线性布置的对称组合，也可认为是放射形组合。

图 6-17 线性组合案例

图 6-18 风车形平面组合

5. 网格式组合

网格式组合是把基本单元（或类似单元）按一定网格规则排布（例如正方形、三角形、菱形或圆形等），适合幼儿园、展览馆等类型。设计的重点是选择恰当单元的形式和平面的虚实处理。

具体样式包括网格式、蜂巢式等做法。例如比希尔中心办公楼、大唐西市博物馆（刘克成设计）（图 6-19）、巴洛克主题博物馆（伊东丰雄设计）（图 6-20）、HEX-SYS/ 六边体系装配式建筑（OPEN设计）、华东师范大学附属双语幼儿园（山水秀建筑设计事务所设计）等。

6. 自由式组合

自由式组合是把基本单元（或类似单元）或体块顺应地形、地势自由排布，适合幼儿园、展览馆等类型。设计的重点是选择恰当单元的形式和与环境的自然对应。例如北海道儿童精神康复中心（藤本壮介设计）（图 6-21）、西安世界园艺博览会灞上风情服务区（刘克成设计）、西溪会所（齐欣设计）、西溪湿地三期工程会所（张雷设计）（图 6-22）、林建筑（华黎设计）。

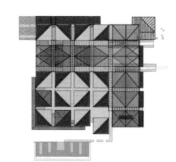

图 6-19　网格式布局来源于传统城市肌理

图 6-20　网格的变形

图 6-21　北海道儿童精神康复中心

图 6-22　重复单元的自由排布

6.3.5　交通空间设置的原则

交通空间虽然占据的面积不是很大，但其作用却最为重要：一方面起到联系、分隔各个功能分区的作用，另一方面具有休息、停留或观景用途，很多时候还起到建立秩序的作用，所以需要慎重对待。

1. 交通流线组织明确，避免交叉

交通布置的关键是各出入口设置和内部流线的组织。也就是从建筑出入口到内部空间，从人流到物流，从外部人流到内部人流，从洁流到污流，做到各种交通流线清晰、明显，各有其口，各行其道。因此，首先要结合功能分区和出入口，分析对应的使用者并进行各种交通流线的分类、重组，避免相互交叉、干扰。但为了管理和使用的方便，也应避免交通流线分得过多、过细。一般小型单一功能建筑设两个出入口，其中一个为主入口，另外一个为次入口，通过主入口组织内部交通流线；而分散式布局或者功能复杂建筑则会均匀设多个出入口，但也会根据使用人数和重要性明确主次。

例如体育馆流线主要包括观众流线（包括贵宾流线）、运动员流线、裁判员流线和工作人员流线，除了工作人员能达到各个地方外，其他流线都应设计独立出入口和相应的交通，相互间不能交叉和穿行。医疗建筑的门诊、急诊、住院、儿科、传染病和污物等的出入口都要分类清楚，其中门诊、急诊和住院又是主要入口。

2. 水平交通尽量环绕相通，垂直交通位置均匀

交通空间主要包括水平交通（走廊）和垂直交通（楼电梯、坡道等）两部分，主要为了满足日常使用和消防疏散用途。日常使用的基本要求是方便、直接，具体到某一楼层平面，需要交通路线清晰、相通，避免过于复杂、迂回或者过多尽端式交通而走回头路。具体要求就是水平交通环绕相通，垂直交通位置应均匀。水平交通环绕相通反映了本楼层功能联系的便捷性和直接性，垂直交通位置均匀反映了竖向各楼层空间使用距离的均等性和方便性。但也有部分放射性平面组合不能做到水平交通环绕相通，这就更需要慎重考虑垂直交通的安排。

3. 交通空间应独立

交通空间的独立性也是学生容易犯的问题。很多同学的方案缺乏独立的交通空间，把景观性交通与正常使用交通相混淆，或者把公共交通空间组合到某个使用空间内，需要经过此空间才能到达交通空间，即穿越式做法。这种做法在某些特殊功能建筑内也有应用，例如展览建筑中的展室、大厅式候车厅，这时交通就不是完全意义的公共交通而变成专属性交通。所以，对绝大多数建筑来说，如果是和消防用途合并的交通空间，必须独立设置，避免穿套所带来的安全、使用、管理不便和干扰问题。

4. 交通路线具有动中有变的特征

使用者经历室外场地、入口、门厅、走廊（楼梯）到达各房间，这个从室外到达室内房间的过程应能感受到变化，而不是直接简单进入。这种变化一是体现在空间尺度上，就是规模尺度要和使用人数相对应。例如门厅周边服务人数较多，所以规模尺度较大，而随着进入建筑内部，人数会越来越少，因此从门厅到走廊、

图 6-23 交通空间也应具有趣味性

楼梯的空间尺度也会随之变化。另外一个变化就是空间形式上的变化，简单进入虽然使用直接方便，但过程单调，缺乏趣味和变化，所以结合前面的空间层次和后面讲到的趣味性处理，使交通路线过程体验丰富，并成为平面设计的点睛之处（图 6-23）。

交通节点空间主要包括入口、门厅、中庭、楼梯等部位，它们是使用者进入下一个空间的停留点和转折点，也是增强建筑体验的一个关键点，所以需要重点处理。例如入口部位由于是建筑的门面和主要人流的进出和等待空间，是由公共部位转向各分区的集散地，所以入口空间（包括平台）应适当放大，但应结合整个建筑规模、尺度和使用人数，避免大而不当，例如有些同学的方案是建筑体量很小，但入口很大，或建筑很大而入口又很小，明显都是不成比例。另外需要结合外部环境考虑视线景观效果。

6.4
重点空间塑造

一个建筑由多种类型空间构成，但设计时不可能所有空间都个个出彩，面面俱到，而是强调重点，对重点部位细加刻画，使这些空间具有丰富性和趣味性的效果。

重点部位空间一般是指一个建筑内部的公共部位空间和部分外部空间。例如门厅、中庭、休息厅等公共停留部位和内部庭院等使用人员较多的地方，采取的基本设计原则仍然是统一中变化。目前统一性一般没问题，而大部分是过于统一而显得单调，造成丰富性和变化性不够，因此设计时应掌握一定的原则。

6.4.1 基本原则

1. 注重空间的丰富性

空间的丰富性首先体现在功能上的丰富。除部分功能单一的空间（例如只作为通行功能）外，对于能停留的公共空间，由于其公共性质和使用要求，因此功能内容设置应较为完善，例如休息、休闲、交流、娱乐、等候、展示和景观空间设计等，且不同类型建筑配置差别较大，像宾馆、教学楼和办公楼的中庭空间配置肯定有很大不同。所以，应首先根据建筑性质确定空间功能构成，并在此基础上进行分区和组织（图6-24）。

另外一个方面就是在色彩、材质、层高和光线等角度体现空间的丰富。但需要注意的是：这种丰富一定建立在统一的基础上（例如风格、构成元素、色彩、材料等）（图6-25）。

2. 注重空间的层次性

除了丰富性之外，空间在视觉上也应具有多种层次来增

图6-24 空间的丰富性

图6-25 空间的统一与变化

加变化，避免一览无遗。如果缺乏层次，空间一览无余，也就没有了情趣。特别是规模较大的空间，通过内部空间的分隔和与周围空间的关系（上下、内外、前后、左右等空间在形式、大小、虚实、高低等方面的对比）来增加空间的层次，使空间变得不再简单（图6-26）。

3.注重空间的氛围和趣味性

不同性质的建筑需要不同的空间氛围是毋庸置疑的，例如教学建筑需要一种安静、文化的氛围；商业建筑需要一种热闹、欢快的氛围；宾馆需要亲切、闲适的氛围。所以确定整个空间的氛围是进行设计的前提。

另外，结合功能或者空间性质设置空间趣味中心作为空间特色和亮点，能使人留下深刻印象。例如宾馆大堂空间可以把景观楼梯作为趣味点，也可以把大型吊灯作为趣味点。而像教堂这种单一空间，通过光线和吊饰塑造的背景作为视觉中心，具有鲜明的宗教氛围和醒目的焦点（图6-27）。

图 6-26　空间的层次性

图 6-27　空间的视觉中心

图 6-28　曲直、材质、色彩的对比

6.4.2　主要手法

1. 增加空间对比

对比方式有不同尺度、形态、虚实、高低、内外、疏密、形状、明暗、冷暖等方面。例如通过不同空间大小、高低的对比造成空间变化和对使用者的不同使用感受是常用手段，不同形状、明暗的变化也是加强空间对比的基本方法（图 6-28）。

2. 增加空间层次

空间距离远近的不同产生了层次，除少数单一空间外，空间之间还有包容、邻接、穿插和渗透等关系，而空间的丰富性和层次性也主要体现在这种关系的灵活应用上。

包容就是在主体空间中植入一个小空间，形成你中有我的效果，例如天津滨海图书馆中厅、Rose center for earth and space 等；邻接是通过对主体空间进行分隔或紧邻其外增加另外一些空间，形成多个并列空间，而根据分隔物的不同（实墙、柱廊、玻璃、树木或格栅等），形成前后层次变化（图 6-29）；

图 6-29　邻接空间的层次

穿插是在主体空间中插入另外一个物体，形成半包容的效果，例如 Mesa 公共图书馆；渗透则是借用外部或旁边空间的景色，形成对景、借景等视觉效果，丰富主体空间层次（图 6-30）。

3. 增强空间趣味性

通过一些元素的应用使空间具有视觉中心和趣味点。例如地面上的楼梯、雕塑、树木、绿化和水面等，或者垂直界面的背景墙、门窗洞口，或者屋顶界面的灯具、天窗等方面都可能成为中心。但视觉中心不能过多，应区分出背景和中心。明确空间目的，强化重点，而其他处理可以简化和抑制（图 6-31）。

图 6-30　室内外空间的渗透

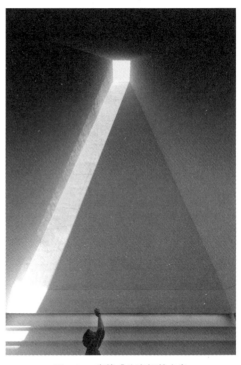

图 6-31　光线成为空间的主角

6.5
造型设计

　　建筑造型设计包括形态、色彩、材质和细节处理几方面。形态构成涉及美学规律应用和秩序控制。由于形态的评价难以客观且方法多样，各种风格也越来越多元，同时又难以直接推导出标准答案，所以本书只能在方法层面进行分类梳理以供同学借鉴，真正具体掌握还需大量练习、总结揣摩。

　　造型的根本就是空间构成和体量构成，而体量又是空间的外在表现，其构成关键是各体块的组织和细节的刻画。就是通过几何性元素（点、线、面、体）、材料（色彩、质感、肌理等）和光线（光影、虚实和通透性等）等设计语言来塑造的效果，需要具备一定的组织原则和秩序。

6.5.1 造型设计的基本原则

建筑造型涉及的美学规律主要包括统一变化、对比与微差、尺度与比例、韵律与节奏、均衡与稳定、形式美感和视错觉的应用等，这些规律表面易于理解但难以直接应用。如果对其进行简单归类总结，就是：在良好比例、尺度控制的前提下，遵循统一中有变化的原则。

统一、变化可认为是总的形式美规律，其他规律则是它的具体体现：例如韵律与节奏、均衡与稳定都属于统一问题，对比与微差属于变化问题。即使具有统一性和变化，但如果缺乏良好的比例、尺度控制，不管使用了多少手法，建筑造型肯定是不舒服的。就像写作一样，中心明确、文字通顺是写作的基本要求，而即使全是华丽的语句，但文字表达不够准确恰当、缺乏章法和层次也会让人不明所以。

1. 统一

建筑是由单个或多个体块组合构成的，因此遵循的第一个美学原则就是整体统一。统一的方式又有很多种：

（1）单一体块求统一　单一体块是指建筑物由一个比较简单、完整的几何形体构成，例如长方体、正方体、球体、圆柱体、棱锥体等（柯布总结的5种基本形体）。这是因为单一形体具有天然的统一感。这种类型在实际工程中应用较多，学校作业主要集中在低年级的训练，适合用地较为紧张的建筑类型。其关键是根据建筑功能选择合适的形体。

另外一种做法是建筑物本身虽然是由多个复杂形体构成，但在复杂形体外围通过一个简单的外壳包裹起来，也能达到同样的效果（例如国家大剧院等）。

（2）主从关系求统一　是指建筑物由主次分明的体块构成，主要体块在体量、高度等方面具有绝对的统领效果，自然形成整体感，这在西方古典建筑中的应用非常多。但要注意主从形体的关系需要一定的规则控制，不能随意摆放。适合平面功能明确的建筑类型：例如影剧院、博物馆、机场等主次功能清晰的类型。当然也有把几个功能组合一起形成主要体块的做法。

（3）重复体块求统一　是指建筑物由多个（至少3个）相同体块或者有一定变化规律的体块构成。这种重复性能产生一定韵律或者秩序感从而具有统一性，这种有秩序地变化或有规律地重复能激起人们的美感，也就是通常说的韵律美。规律性重复方法包括放射式、组团式、自由式和线性组合等方式。适合功能类似（教学楼、宾馆、展览馆等）、用地宽松，对环境要求较高的建筑类型。

（4）色彩质感求统一　作为建筑材料的外部特征，色彩和质感作为必要构成因素来完整表现建筑物是不可或缺的，特别是材料的丰富性和色彩具有的心理联想也使建筑具有不同的性格特征。良好的色彩和质感设计不仅能统一建筑，更能为设计增色不少（图6-32）。但需要注意的是一个建筑上的颜色一般不要超过3种；尽量采用色相紧密相邻或对比的颜色设置；建筑大面积的颜色应该为低彩度处理，面积稍小的可以采用彩度较高的色相，而明度、彩度最高的则可作为局部点缀色。

图 6-32　色彩取得统一性

2. 变化

前述的统一是造型设计的前提，统一代表了建筑的整体性、一致性，是需要满足的基本要求，而过分的统一会带来单调，这就需要加入变化。变化代表了建筑的趣味性和吸引力，是建筑的亮点和特色，就和情理之中，意料之外的意思一样。但变化还要讲究一个度的问题，不能为了变化而变化，不能过度变化，不能牵强变化，而要结合功能设置变化，有规律地变化，适当地变化。

（1）加强对比求变化　主要体现在形体和细节方面。如果是单一形体，可通过虚实、疏密、明暗等方式对比，如果是复杂形体，则可通过横竖、高低、前后、大小、形状、色彩和曲直等手段对比。对比使用应强烈，但不能出现太多，否则容易产生混乱。

（2）局部体块变化　单一形体或者多个体块重复设置虽有统一性，但易产生审美疲劳，所以加入局部体块的变化对整体造型的品质提升是一条重要途径，具体的操作方式在下节有详细论述。但这种变化一定要结合平面功能，一定建立在功能合理的基础上，而不是生硬地变化。

（3）色彩、材质的灵活应用求变化　在前面的材料常识部分已经说过，不同材料、色彩和质感的建筑具有不同的感受，而材料和色彩的无穷变化组合也给建筑造型带来了千变万化的效果。但应注意的是这种变化也是需要遵循一定的规律或秩序，否则也会产生杂乱无章的结果。

3. 比例尺度

"美是各部分的适当比例，加上一种悦目的颜色。"——圣·奥古斯丁。

（1）比例　比例是指建筑整体与局部、局部与局部之间的实际关系（大小、长短、高低、分量之间的比较），也是研究物体长、宽、高的关系问题。

首先没有哪种比例关系是绝对美的，而更多体现的是一种感觉上的东西。另外现代建筑虽不像古典建筑那样严格遵循比例，但要具备基本的和谐要求。例如明确的几何形状具有良好而又让人记忆深刻的比例（例如正方形、圆形、三角形）；通过相似形的应用能取得和谐统一的效果；具有黄金分割比的矩形也让人感觉比较和谐；古典建筑中三段式做法（顶部、柱廊主体和基座）常用 1∶3∶2 的比例等。这种能力的获得一方面是积累一些常识，另外就是长期的训练，这时草图的作用就发挥出来了。因为很多时候，良好的比例是经过反复推敲、比较才能得到。

（2）尺度　尺度是另外一种相对的比例关系，是建筑物整体与局部给人感觉上的大小与其真实大小之间的关系。这种感觉的获得是和人们熟悉的参照体系相比较后才得来的。也就是说，建筑形体本身不能产生尺度，而需要加入参照或对比的元素。这个元素的选择需要人能明确判断其尺寸，其中最基本的参照就是人体和与之经常使用的物体（台阶、栏杆、门窗、砖石材料等）。

基本的规律是：如果参照元素感觉比较大时，则整个物体会显得小，而参照元素感觉比较小时，则整个物体会显得大。另外一些规律是：同类型元素中增加一个尺寸变大的元素会加强其对比性，使其显得更大；多单元的重复使用比少量重复会让建筑显得大；同样尺寸物体，在开阔的环境里显得小，在狭小的环境里显得大（和室内外相同）；同时不能仅仅把常人尺寸简单放大而得到超尺度的构件，这会使建筑丧失尺度感。

不同的建筑需要不同的尺度感，而如果建筑性质与其尺度不匹配，则会让人感觉不合常规和不舒服。例如一般公共建筑的尺度就比居住建筑大；小型建筑应采用符合常人尺寸的构件，应尺度宜人；大型公共建筑应体现一定的宏伟感觉，其细部划分应超越常人使用尺寸，否则就有大马拉小车或小马拉大车之感。

6.5.2　造型的生成方式

前面也说过，建筑形体的生成大概有两种方式：以 BIG、3XN 和 MVRDV 事务所为代表的整体逻辑（由上至下）和普通的由平面到造型方式（由下至上）。

1. 由上而下

由上至下的整体逻辑模式其形体演变过程非常清晰，首先是根据任务要求和自己的理解提出一个基本形体，然后对其进行形体操作，并通过系列分析图表达操作过程，让人能轻松理解其设计意图。

（1）大致操作过程　这种整体逻辑的设计步骤大概分为以下几步：

1）提出设计概念和形体原型，得到初期基本体块。

2）分析各种影响因素和限制条件，得到形体的进一步操作规则（通过过程图示说明），逐渐演变出最后形体（逐渐由单一到复杂）。

3）对形体进行细节处理。

（2）形成的方式　BIG 的形体原型看似简单，实际提出是非常慎重的，是经过充分地调研分析和试错，一般是和地形、功能要求相适应的比较简单的几何体，例如方体、球体和三角形形体等，这样整个建筑形体首先会呈现出一种统一性。后面的形体操作也是针对原型而言，使人能清晰看出演变的过程。

形体操作规则是看其方案结果是否具有逻辑性和合理性的关键，也是建立在严谨的分析基础上。大致包括三种类型：一是满足外界自然环境、场地条件的操作，例如为了更好满足风、光、景、声和地形等条件要求；二是为了满足建筑法规、城市规划和使用方的要求，或者是内部功能、流线或技术需要进行的操作；

三是为了一个自己理解的抽象逻辑或概念（即自己提出的概念）而进行的操作。

形体塑造常用的手法包括切、提、拉、压、弯、剪、扭、推、叠等（图6-33），具体做法详见 BIG 的官网介绍。

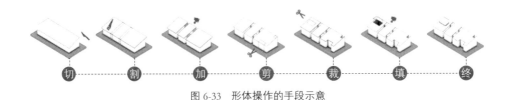

图 6-33　形体操作的手段示意

2. 由下而上

如果由上而下可以看作是一种从造型到平面的方式的话，那么由下而上则可认为是从平面到造型的过程。但绝不是目前学生们常用的线性操作模式，因为大多数同学的造型就是由平面直接给个高度立起来（实际情况也确实这样，认为做造型就是做立面），这必然使造型缺乏逻辑和特色。

我们首先要认清设计是个联动的过程，所以在设计理念的初步转化阶段就一定要结合体块关系一起考虑平面布局。而平面布局又是由多个小的基本单元在水平和垂直方向的重复或组合，因此初期方案应明确每个单元空间占据的体量大小，而不仅仅是单纯关注房间面积的大小。另外平面设计组合的多样性造成体块变化的丰富性，所以在方案初期，满足功能、流线组织的前提下，组合方式会同时出现各种可能，这就需要进行多方案比较。

6.5.3　造型的具体操作

"真正的简约绝不只是摒弃杂乱与装饰，而是在纷繁中建立秩序"。——乔纳森·艾维

1. 单一体块处理

单一体块虽能保证统一，但重要的还是需要变化的加入，这种变化也需要规则控制。控制规则包括形体变化方式加基本美学变化原则。具体方法主要有对其进行物理化、构件化和表皮化操作。

操作过程：根据平面功能先确定体块形式和大小，再确定形体操作方式，最后根据美学原则进行细节处理。

（1）对单一体块进行物理化操作　单一形体的物理化处理是指在不破坏体块整体性的情况下，对其采取物理化操作手段：包括切割、切片、挖洞、错位、旋转（水平、垂直、三维）、虚实、折叠、分裂、扭曲、渐变、覆盖（用完整形体覆盖零碎形体）、打散重组等，加减或切削。这种方式是利用完形法则达到统一中变化的目的，是应用最广的一种方法，既适合低矮的小建筑，也适合高层大型建筑。此做法最具代表性的建筑师是博塔和迈耶。

案例：安藤的 4×4 住宅（移动）（图 6-34）；汤桦设计的四川美院图书馆（挖洞）（图 6-35）、浙大宁波理工学院图书馆（马达思班设计）、日本 SUGAMO SHINKIN 银行和张雷设计的混凝土缝之宅（切割）；迈耶设计的北美瑞士航空公司总部大楼（采用表皮由面状改为块、面结合加入多层）、汤桦设计的璧山文化中心（切削）（图 6-36）、Manuel Aries Mateus 设计的葡萄牙小屋、格瓦斯梅

图 6-34　移动式处理（4×4 住宅）　　　图 6-35　形体挖洞式处理（四川美院图书馆）

图 6-36　体块削切式处理（璧山文化中心）

住宅；安藤忠雄设计的保利大剧院（贯通）（图6-37）；荷兰梵高博物馆新入口；隈研吾设计的神秘食盒（分离）（图6-38）；高黎贡手工造纸博物馆和大唐西市博物馆（切割）。FTP大学教学楼和葡萄牙公寓（Aires Mateus）；金泽21世纪现代艺术博物馆和谷口吉生设计的法隆寺宝物馆（虚实）；SANNA设计的纽约新博物馆（转换、缩放）。

多单元叠合的案例有黎巴嫩摩天楼住宅（赫尔佐格德与梅隆事务所）、清华大学深圳研究生院海洋中心（OPEN设计）、ZAC du coteau公寓（ECDM建筑事务所设计）等（图6-39）。

需要注意的是：一是物理操作应控制比例和尺度，应保持单一体块的完整性，不能对整体形状形成破坏。就像增补或者切挖，不管是体块还是洞口，改变部分的尺度避免出现和主体其他部分相差不多的情况，也就是两者应对比鲜明。

（2）对单一形体进行表

图6-37　形体贯通式处理（上海保利大剧院）

图6-38　形体分离式处理（神秘食盒）

皮构件化操作 单一形体的表皮构件化处理是指形体不变的情况下，利用建筑外部凸出的表皮构件（例如阳台、窗户、遮阳等）进行韵律化设置（重复、渐变、错位或局部突变，或者加上色彩的改变等），以形成有韵律的光影效果，适合小开间功能为主（例如宾馆、办公、住宅、公寓等）的多层和高层建筑（图6-40）。

图 6-39　单元叠合式处理

案例：澳大利亚光谱公寓、都市实践的回酒店、青岛邮轮母港客运中心等。

需要注意的是：这种做法的关键是韵律的构建，因此构件形状、尺度的选择及与功能的对应性极为重要，避免出现纯装饰的构件，另外构件设置不能简单重复，还要适当变化。

（3）对单一形体进行表皮肌理操作 通过利用表皮材料的颜色、质感、光影变化或者利用立面的洞口设置（门、窗、洞口等）来实现统一中有变化的效果，甚至再结合物理化的处理方式形成更为丰富的效果。这也是目前较多的一种

图 6-40　立面构件化处理

应用方式。主要有两种做法：一种是较为规则的单元式做法；另外一种是灵活自由式的做法，较为适合多层建筑（图 6-41）。

案例：这种案例较为普遍，代表性的包括布罗德现代艺术博物馆（Diller Scofidio+Renfro 设计）、SANNA 设计的欧洲矿业同盟、北京建筑大学新校区图书馆（同济大学建筑设计院设计）、路易威登深圳店、波兰华沙 Sprzeczna 4 号住宅楼等。

这种做法类似于所谓的立面设计，表皮单元的确定、选择首先应能和内部结构柱网和功能协调、对应，另外表皮肌理处理应体现一定的规律性和虚实变化，可以参考前面的重复、亲密性、对齐和对比等平面设计原则。

2. 双体块设计处理

即建筑主要由两个体块构成。两者的位置关系既有相交（包括插入、咬合、贯穿、回转、叠加等）、脱离（包括平行、倒置、反转对称等）方式，也有两两接触（点、线、面连接）的方式，还有通过第三方连接的方式。但总体上来说，两个体块的关系一种是并列关系，没有主次，另外一种稍微灵活的处理就是一主一从的形式。

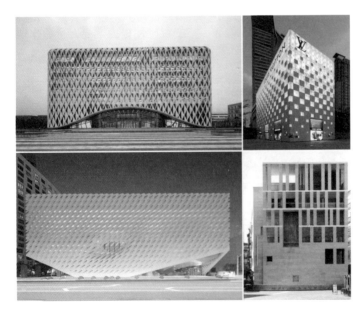

图 6-41　表皮肌理化处理

图 6-42　主次形体处理（无锡大剧院）

图 6-43　穿插式形体处理
（Mons International Congress Xperience）

图 6-44　双主体形式（腾讯深圳总部）

（1）一主一从　采取主、从体块的处理方式能避免单调，形成统一中又有变化的造型，主要和前面的主从式平面组合对应。适合各种类型建筑（图 6-42、图 6-43）。

一般通过应用对比的手法（例如横竖、高低、前后、虚实、大小、形状、色彩等）使次要部分依附于主体，并形成统一中有变化的目的。像前述的多特蒙德综合图书馆、云天化办公楼、合肥北城中央公园文化艺术中心（华汇设计）、苏州礼堂（如恩设计）等。

（2）双主体的形式　构成建筑的两个形体形状、体量基本相同，没有主次，并列布置，需要重点考虑两个体块的形状、角度和位置关系。简单的做法就是两个形体沿轴线对称布置，就是常用的双塔形设计，适合政府办公、中轴线上的建筑等要求庄严的场合，例如吉隆坡石油双塔、巴西议会大厦和 Kyobo Tower。稍微灵活的做法就是形体采用异形体量，两者位置关系也结合地形有前后变化、错动（图 6-44）。重点是控制两者的距离，因为距离过大缺乏吸引力，就会变成两个独立建筑。

3. 复杂体块设计处理

复杂体块既可能是由较为分散的单元体块组合而成，也可能是把简单形体进行切割后形成，关键是单元体块的选择和秩序的建立。首先体块类型不能过多，而秩序既可能是前述的线性、放射性、网格式等规则式手法，也可能是一种自由式的方式。

（1）相同体块重复　是指体块在水平方向上的重复，和前面的线性、放射性及部分自由式平面布局相对应（图 6-45）。适合功能较为类似的建筑，例如教学、宾馆、办公、住宅等类型。根据功能或者形式需要分为几个基本相同单元体（包括近似、渐变形体），再把其重复排列构成，具有强烈的韵律感和节奏，且易于和地形结合。当然，为了避免单调，经常在单元体形式和重复方式上加入变化。例如波兰什切青新爱乐音乐厅重复并前后错动的双坡形体，苏州东原千浔社区中心（山水秀建筑设计事务所设计）（图 6-46）、天全县新场乡中心幼儿园（大舍建筑设计事务所设计）和河南艺术中心（PPA 设计）。

图 6-45　放射性体块组合

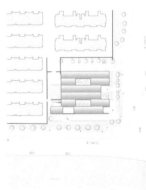

图 6-46　体块的水平重复处理（苏州东原千浔社区中心）

（2）体块整合 另外一种情况是构成形体的单元较多，且难以有主次之分，可以采用统一的轮廓边界把多体块进行整合，形成统一中变化的效果。和前面的主从式和部分集中式平面布局相对应。例如通过一个大屋顶的覆盖，像杨经文的自宅、上海科技馆、国家大剧院、Vereda 幼儿学校（Rueda Pizarro Arquitectos 设计）等；或者在建筑外部再套一层表皮，例如南京图书馆、波尔多法院、上海东方艺术中心（图 6-47）等。

图 6-47 体块整合（东方艺术中心）

（3）自由式形体 对于较为宽松、高差变化大或者异形边界的用地环境，采用自由式的形体组合方式来创造一种对环境的适应也是常用手法。和前面的自由式平面布局相对应，适合展览、酒店、会所等小型建筑。

例如自由堆积的案例有蒙特利尔 67 住宅、乐高之家、挪威国家石油公司总部大厦（图 6-48）、维特拉家具展厅、西安世界园艺博览会灞上风情

图 6-48 自由式形体（挪威国家石油公司总部大厦）

服务区（刘克成设计）和新加坡交织住宅方案（OMA设计）（图6-49）等。

　　上述关于美学方面的介绍还属于简单归类总结的方式，一方面很难总结全面，二是距离直接应用还相当遥远。在实践练习中学生应注意：不管是平面组织，还是形式操作，日常练习或者分析先从简单和秩序性强的案例入手，例如先从单一形式平面和单一体块的不同处理开始，每个案例每次应用一到两种手法进行多方操作练习，以尽可能多地挖掘其可能性，并逐渐发展到多单元、多体块的重复处理和有明显秩序或规律的组合，再到复杂体块的自由组织。通过这样的操作来积累经验和感觉，方法越多，思路才会越来越宽。

图6-49　自由式形体（新加坡交织住宅）

附 录

附录一　建筑设计资源介绍

附录二　理念转化案例分析

附录一 建筑设计资源介绍

对于建筑学专业学生来说，熟练地进行资料的收集整理是学习的重要渠道，同时也是一项重要的能力。除了学校使用的教材、参考资料以外，一些经典的专业基础书籍、著名建筑期刊、网站和微信公众号也是必须熟悉的。尤其是随着电子媒体的发展，上面的各种信息、资源丰富多彩，更会大大提高学习效率和质量。

A 相关网站

A.1 导航类网站

（1）筑名导航：http://www.archiname.com/

著名的建筑类导航网站，基本上用到的各类建筑网站在网页上面都能找到，强烈推荐。

（2）优筑导航 - 建筑视界：http://www.zshid.com

著名的建筑类导航网站，分类清晰，且各类均列出主要网站简介，快速找到个人所需，强烈推荐。

（3）http://hao.shejidaren.com/

非常全面的设计导航网站，不仅拥有全球设计师作品导航，还包含设计行业所有能用到的素材、工具等，强烈推荐。

A.2 国外经典建筑类网站

（1）http://www.archdaily.com

世界上最大、最全的专业建筑作品网站，包括案例、文章、座谈、竞赛信息等内容。主要介绍已经建成的项目，作品照片和平、立、剖面一般齐全。建筑分类非常详细，可以很有针对性地找到自己需要的建筑类型，强烈推荐。

（2）http://architizer.com/

Architizer 创立于纽约，为全球重要建筑网站之一。用法和 ArchDaily 类似，有很多建筑资讯。

（3）http://www.designboom.com

是全球最早和最受欢迎的建筑、工业、科技、艺术、时尚和视觉设计类的数字媒体，是创意及设计理念的交流展示平台，在全球设计行业中具有较高的知名度，号称世界排名第一的综合艺术设计媒体。另外一个优点是介绍的项目部分有详细设计图，这样使读者能够更全面地理解项目本身。

（4）https://archello.com

内容非常丰富的网站，案例和图片数量充足，图片大，分辨率高。每天都有全世界的建筑案例更新，不管什么风格都能找到合适的参照。

（5）https://www.dezeen.com/

把世界各地最好的建筑、设计和室内设计项目以最快的速度带到读者面前。Dezeen 更新速度非常快，每天至少有两三篇，而且文章与照片质量很高。

（6）https://www.domusweb.it/it/home.html

是一个作品集合的网站，里面有很多不同的分类。包括建筑案例介绍、建筑历史的文章等。

（7）http://issuu.com

非常好的设计作品集网站，有机会看到很多建筑大牛申请国外高校的作品集，只是下载不太方便。

（8）http://www.beta-architecture.com

这个网站展示的项目都是未建成项目，收录项目的效果图和分析图都很棒，常用于做案例分析和参考。

A.3 国内经典建筑类网站

（1）筑龙网 http://www.zhulong.com/

筑龙网是国内比较有影响力的综合类建筑网站，内容比较全面，主要面向房地产、建筑设计、施工、造价等建设领域，为专业人群提供：建筑新闻、建筑设计资料、建筑图片、建筑视频、建筑施工等内容。

（2）谷德设计 http://www.gooood.hk/

是一个基于建筑、景观、设计和艺术的高品质国内创意平台，网站页面每周都在更新，包括大量的全球建筑行业的资源和信息，强烈推荐。

（3）http://archgo.com/index.php

非常不错的国内建筑设计类网站，拥有大量全球最新的建筑案例，并有很详细的分类，许多建筑的 SU 模型在这里可以找到。

（4）在库言库 http://www.ikuku.cn/

在库言库是一个建筑设计行业自媒体社区，含有大量的国内外建筑作品，内容丰富，文章清晰易懂，作品的图片质量较高，非常适合下载。

（5）建筑学院 http://www.archcollege.com/

建筑学院是一个为学习建筑设计打造的高品质平台，拥有大量最新、优质的建筑案例、资料、经验、专题知识等，为学生提供源源不断的高质量内容，强烈推荐。

（6）专筑网 http://www.iarch.cn

专筑网是针对学生和年轻建筑师的互动社区，主要内容涉及建筑视界、学堂和招聘、交易等，有大量课程、案例资源可供下载学习。

（7）褶子城市 http://www.foldcity.com

褶子城市是一个建筑设计、跨界设计及先锋设计交流平台，以建筑竞赛作品精选为主，并加入建筑师沙龙，带给建筑行业人士有价值的信息。

（8）建材 U 选 http://www.bml365.com

国内较为少见的专业介绍建筑材料及构造网站，各种材料的特性、价格、构造和案例效果均较为详细，能深入了解建筑材料相关方面的内容。

A.4 其他设计资源类网站

（1）拼趣网 http://www.pinterest.com

基本上是图片资源类型里面最好用的，可以用关键字搜寻到高品质的相关图片。另外无需用户翻页，新的类似图片不断自动加载在页面底端，让用户不断发现新的信息。虽然并非专业建筑类网站，不过建筑案例非常多，强烈推荐。

（2）https://www.flickr.com

Flickr 为一家在线相册网站，为用户提供免费及付费数位照片储存、分享方案之线上服务，也有提供网络社群平台。世界上存放照片最多的网站，内部有很多专业人员或爱好者上传的建筑类照片，很多是专业网站也没有的内容，强烈推荐。

（3）花瓣网 http://huaban.com

国内图片搜索网站，内容也比较全面，和拼趣网较为类似。

（4）https://www.pexels.com/

图片资源网站，大量免费图片可供下载。

（5）http://www.greatbuildings.com/

收录历史上最全的建筑物资料网站，以及成千上万的伟大建筑物资料，强烈推荐。

（6）中国色 http://zhongguose.com/

一个色彩搭配的网站，提供各种中国传统颜色的名称、CMYK 值、RGB 值，轻松找到常用颜色。

（7）配色工具 http://www.peise.net/tools/web/

一个色彩搭配工具的网站，自动在线配色方案生成器，适合对色彩不敏感的同学。

B 相关期刊

B.1 国外期刊

（1）domus（期刊官网 https://www.domusweb.it）

意大利最著名的建筑、设计杂志，为全球最具活力和影响力的专业杂志之一，具有较强批判性和主导意识。始终以敏锐的视角，客观、及时、全面地报道全球建筑、设计及艺术动态，以其灵活多样的形式、深刻的思想和充满活力的内容为特色。给国内建筑师提供了更多了解国外同行"怎么想"的机会。

（2）EI Croquis（期刊官网 https://elcroquis.es）

西方建筑设计领域的思想领路者和前沿风向标，在全世界范围内具有极高的知名度及学术价值美誉，以敏锐的专业视角，深入挖掘建筑作品与建筑师的潜力。

（3）C3 建筑立场

期刊探讨国际上最具创新性的优秀规划、建筑和景观设计作品，进而全面解读当下创作语境中的最新设计思潮，设计师对人文、地域和环境的传承以及进行绿色生态创新的必要性。从景观小品到大型公建，从建筑材料的选择到构造节点的处理，从建筑空间到建构艺术，都翔实、准确地分析了每个案例，并展示了相关领域内最新的设计理念和技术，为读者带来强烈的视觉冲击和创新动力，是专业人士不可多得的案头参考。

（4）Architectural Design

英国的建筑学期刊读物，简称 AD，文章内容较为先锋，建筑设计理念偏重概念为主。

（5）MARK 国际建筑设计（期刊官网 https://www.mark-magazine.com）

是全球顶尖的以国际建筑设计与创新趋势为导向的专业期刊，主要内容包括了全球视野内的建筑趋势、焦点及新锐建筑师的前卫作品，还有一些开拓者的实验性作品。

（6）Arquitectura Viva（期刊官网 http://www.arquitecturaviva.com/en）

西班牙期刊，内容前卫，建筑案例非常丰富，是建筑学者值得一读的期刊。

（7）Wallpaper（期刊官网 https://www.wallpaper.com）

讲述关于建筑、室内家居、旅行和美食。除了文章或漂亮的杂志大片，还有每年与全球各大设计学院联合举办的毕业生设计比赛 Graduate Directory，值得关注。

（8）Detail（期刊官网 https://www.detail-online.com）

德国著名建筑期刊，在世界范围内都备受推崇。自杂志成立之初至今已经有47年历史。对于建筑师、工程师和建筑领域的专家学者们来说，Detail 是一本以建筑技术著称的专业杂志，每年 6 期。

（9）Japan Architeture+Urban（简称《A+U》，期刊官网 https://www.japlusu.com）

日本顶尖建筑期刊，创刊于 1973 年。《A+U》每期都以特别策划的主题来介绍全世界最前沿的建筑作品。同时，《A+U》采用大量一手资料，更有部分文章由刊登其作品的建筑师亲自撰写完成，杂志内容充分展示了建筑师对其作品最本质和深入的思考。严格筛选及对细节朴实而严苛的追求保持了杂志几十年不变的品质。

（10）Dwell（期刊官网 https://www.dwell.com）

Dwell 杂志是一家美国专门报道现代建筑和设计的杂志。主要内容是国外建筑和国内设计，以美式装置风格为主，从冷峻到休闲，从都市住宅到乡间度假屋，从最摩登新潮的摆饰品到唾手可得的家用品。

B.2　国内期刊

（1）建筑学报

涉及建筑理论研究和设计实践两大部分，设有建筑理论、建筑评论、建筑教育、城市设计、设计研究、建筑实录、建筑技术、住宅设计、传统建筑、国外建筑等栏目。涵盖了国内建筑学专业高水平的理论研究论文和重要建筑实践。

（2）新建筑

主要刊载国内外建筑学、城市规划学以及环境设计等方面的新理论、新作品、新技术、新方法以及建筑教育改革的新尝试。是一本学术性较强的期刊。

（3）城市环境设计

洞悉国内外当代建筑，剖析建筑与城市、环境的深刻关系，关注优秀建筑师的创作及经历。一年 12 期。

（4）世界建筑

介绍国外的建筑思潮和理论、建筑设计、城市设计、景观建筑作品和进行建筑评论，是中国建筑界了解世界建筑动态的主要窗口，中外建筑师对话的平台，中外建筑文化交流的桥梁。一年 12 期。

（5）建筑细部

专注于介绍建筑细节构造设计的专业杂志，以引进世界最高水平的细部理念与设计手法为己任，为建筑师、结构工程师、工程公司和生产厂商等提供丰富、及时的细部信息参考和互动的交流空间，提高专业人士的专业水平和整体竞争能力。一年 8 期。

（6）时代建筑

聚焦国际建筑理论及实践前沿，超大即时的信息容量是其主要特征，每期会有明确的主题，不过初学者读起来会较为吃力，一年 6 期。

（7）建筑创作

介绍实际建筑案例的期刊，在建筑摄影方面拥有多位国内专业建筑摄影师，在建筑摄影领域有很高的权威性。一年 6 期。

C 相关书籍

C.1 国外书籍

（1）《建筑形式美的原则》，（美）托伯特·哈姆林著，邹德侬译，中国建筑工业出版社

具有非常强指导意义的经典建筑美学书籍。分为统一、均衡、比例、尺度、韵律、布局中的序列、规则的和不规则的序列设计、性格、风格、建筑色彩等十章内容。虽然书中的案例较老，但其基本原理、主要规律经验仍然是现在需要遵守的。

（2）《建筑学教程：设计原理》，（荷）赫曼·赫兹伯格著，仲德崑译，中国建筑工业出版社

书中内容分为三个部分：公共领域；形成空间，留出空间；宜人的形式。赫茨伯格将生动的说明文字和详尽的设计图例编排成一系列的主题，力图把多年的

实践经历总结成为引人注目的建筑设计理论。

（3）《世界建筑大师名作图析》，（美）罗杰·H·克拉克、迈克尔·波斯著，汤纪敏、包志禹译，中国建筑工业出版社

剖析了100余位重要建筑师的400多件作品，通过分析每个作品的设计演进过程，探索其反映出的众多建筑设计构思的共性，为读者提供有价值的指引和一种建筑学分析思考方法。

（4）《像建筑师那样思考》，（美）豪·鲍克斯著，姜卫平、唐伟译，山东画报出版社

虽然建筑是一门专业，但世界上绝大多数的建筑都是由非建筑学专业的人主持建造，作者相信每个人都可参与进创造建筑的过程中去。本书重点介绍了建筑应该是什么和起什么作用，如何欣赏好的建筑，如何理解设计过程，如何同建筑师共事，以及如何成为一个建筑师。

（5）《交往与空间》，杨·盖尔著，何人可译，中国建筑工业出版社

是北欧出版的最为成功的有关环境设计的名著之一。书中对人们如何使用街道、人行道、广场、庭院、公园等公共空间，以及规划与建筑设计如何支持或阻碍社会交往和公共生活，进行了广泛的分析研究，论述了日常社会生活对物质环境的特殊要求，提出了创造充满活力并富有人情味的户外空间的有效途径。

（6）《街道的美学》，（日）芦原义信著，尹培桐译，中国建筑工业出版社

该书从文化角度出发，将日本街道与欧洲各地的街道空间进行对比分析，同时运用格式塔心理学、图底关系理论、阴阳学说等分析了日本和欧洲城市街道格局的图底关系，归纳出东西方在文化体系、空间观念、哲学思想以及美学的价值取向等方面的差异，并从街道的自然特征、美学规律、人文特色出发论述了如何发掘城市空间中的视觉秩序规律。

（7）《建筑语汇》，（美）爱德华·T·怀特著，林敏哲、林明毅译，大连理工大学出版社

此书的最大特色将建筑设计问题分为五大类（功能分区、建筑空间、交通流线、与环境的配合、建筑构造体）和106项小专题，并整理了许多针对性的建筑设计处理手法和示意草图，类似于总结了不同的模式语言，学生可对其加以模仿、

借鉴、发展成自己的构想，并能激发新的构想。

（8）《建筑：形式、空间和秩序》（第3版），程大锦著，刘丛红译，天津大学出版社

是建筑设计基础语汇的经典入门书籍，也是被誉为"建筑学专业圣经"的一本书。全书内容涵盖了建筑历史、建筑理论和设计作品，堪称一部图文并茂的建筑百科宝典。这本经典的图解参考书有助于学生理解建筑设计的基本语汇，在建成环境中检验秩序化的形式和空间。程大锦利用其个性鲜明的精美图画，展示了建筑基本要素之间的关系。

C.2　国内书籍

（1）《建筑空间组合论》（第3版），彭一刚著，中国建筑工业出版社

彭一刚院士的这部书是建筑学入门书籍，也是国内迄今为止尚未有能取代的经典之作。但遗憾的是，本书更新到第3版就截止了，对近二十年建筑设计行业发生的巨大变化缺乏后续论述，但其作为初学者的圣经一点也不为过。

（2）《中国古典园林分析》，彭一刚著，中国建筑工业出版社

彭院士的另外一本经典书。该书用现代构图、空间理论和观念对中国传统造园艺术手法做了系统而详尽的分析，对理解传统园林做法极有帮助。

（3）《华夏意匠》，李允鉌著，天津大学出版社

作者通过多年潜心研究中国传统建筑设计，围绕建筑原理、选址布局、建筑设计、装修装饰四部分展开论述，系统分析了建筑分类、设计原理、营造方法这些制度化的建筑设计原理，从中西建筑的对比中阐述其渊源异同与相互影响，分析什么是中国传统建筑特点的同时，重在解析为什么会产生这些特点，探讨社会文化意识对建筑设计的影响。是理解中国传统建筑的一部经典之作。

（4）《建筑设计资料集》（第3版），中国建筑学会，中国建筑工业出版社

号称建筑设计领域的"百科全书"，主要为基础性层面内容，涵盖各个建筑领域和各种建筑类型，基本包括所有设计者能碰到的所有内容。

（5）《开始设计》（第2版），褚冬竹著，机械工业出版社

作者从对设计概念的分析开始，以完整的课程设计过程作为线索，详尽阐述了初学建筑设计的学生应该掌握的基本方法，并提出培养设计意识的重要性。本

书图文并茂，含有大量精彩实例，对读者开阔视野，加深对建筑学的整体理解有较高作用。

C.3　其他类型书籍

（1）《设计中的设计》，（日）原研哉著，朱锷译，山东人民出版社

作者认为设计不是一种技能，而是捕捉事物本质的感觉力和洞察能力，并认为好设计的标准就看其是否具有清晰性、独创性和幽默性等特征，充分体现了日本设计在简单中追求极致体验的精髓。

（2）《写给大家看的设计书》，（美）罗宾·威廉姆斯著，苏金国、刘亮译，人民邮电出版社

作者把复杂的设计原理在书中凝练为亲密性、对齐、重复和对比四个基本原则，简单、清楚、实用，对初学者建立基本的美学设计逻辑有极强的指导作用。作者通过简洁明快的风格和大量的示例，将优秀设计必须遵循的四个基本原则及其背后的原理通俗易懂地展现在读者面前。本书虽然主要侧重平面设计，但对版面设计和立面设计也具有较强的启发作用。

（3）《建筑第一课—建筑学新生专业入门指南》，袁牧著，中国建筑工业出版社

建筑学专业的新同学刚接触专业时普遍要经历一个"困惑"的阶段，本书是对专业入门阶段的所需进行方法层面的指导。力图以简单直接的方式描绘建筑学的知识技能体系框架，概括建筑学的基本学习方法和路线，在浩如烟海的建筑知识体系中筛选出适合新手的起步区，并推荐了最基本的阅读书目。

（4）《刻意练习：如何从新手到大师》，（美）安德斯·艾利克森著，王正林译，机械工业出版社

天赋虽然重要，但更重要的还是正确的练习方式。刻意练习就是一种非常好的方法论体系，其核心思想和精髓包括刻意练习、长时记忆、有目的的练习、反馈、大脑结构、心理表征、"三个F"等几方面。

（5）《美的历程》，李泽厚著，天津社会科学院出版社

该书是一本广义的中国美学史纲要，主要内容共分10个部分。作者以深邃独具的目光，雄浑凝练的笔触，对中国美学悠久的历史进行了总结。从龙飞凤舞

的远古图腾，一直讲到明清文艺，宏观地描述了中华民族审美意识发生、形成和流变的历程，为中国美学史勾画了一个整体轮廓。

D 微信公众号

微信是目前信息传播和交流的主要工具，所以现在各公众号推送的信息也成为了解建筑资讯的窗口之一。除了前述的网站、期刊大部分都有自己的公众号之外，还有一些比较有影响的公众号也值得一看。

（1）建筑邦

专注于建筑设计的互动分享，每天推送建筑设计、室内设计、景观设计、设计创意、名人访谈等精选内容。为建筑设计师、设计爱好者提供一个专业内容作品的阅读、展示、分享、互动的服务平台。

（2）建筑师的非建筑

中国设计、艺术、视觉媒体领航者和资源聚合平台。分享的建筑内容角度丰富，态度专业，而且是推送数量、质量标准都很好的一个建筑公众号，每天5篇文章推送。

（3）无非建筑

按专题收集挺多漂亮的可供参考的图，从图样表达到细部设计。经常会分享一些建筑艺术作品，以图片为主要的表达方式，点缀上少数的文字加以修饰。

（4）三开间

提供世界范围内最有价值的建筑设计资讯，沟通行业内人士，传播建筑界的前沿声音。

（5）AssBook 设计食堂

是一个具有前沿思想的设计师平台，跨界即链接，内容即设计。每周都有10篇左右的建筑文章（包括前沿建筑案例、建筑学习方法、建筑信息、新鲜事）推送，值得关注。

（6）有方空间

致力于研究和传播建筑、空间文化的平台，专业性较强，有一定深度。

附录二　理念转化案例分析

附表 1　环境角度的理念转化

理念	案例	原始形态（意象）		转化过程		最后结果
环境角度	济南奥体中心	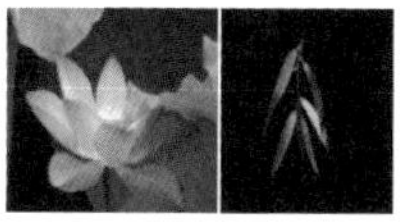	荷花柳叶		以"东荷西柳"的城市意象隐喻和有机形态为仿生母题	
	山东省美术馆	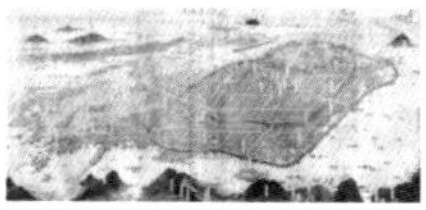	济南山北城风貌	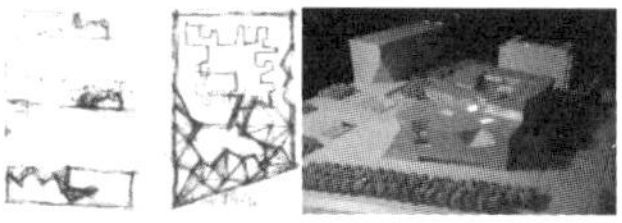	山城相依的意象生成梯形布局以及由北向南退台的形体	
	夏雨幼儿园		《静物与橙》	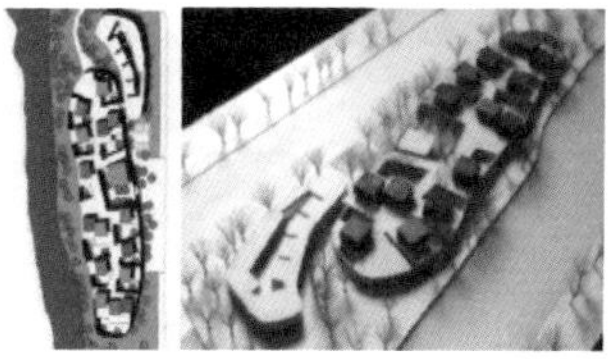	类似于五颜六色水果的教室盒子"游园式"散落在巨大底座上	

（续）

理念	案例	原始形态（意象）		转化过程		最后结果
环境角度	法国蒙特利尔人体博物馆		交叉的双手			交错咬合的双手转化为与地面交接的起伏屋顶形体
	高雄卫武营艺术中心		榕树群			榕树下的孔洞景观意象与通风效果化为有机虚实空间
	上海自然历史博物馆		鹦鹉螺			以鹦鹉螺纯粹的几何形式化为整体形状和建筑组织
	美的总部大楼景观设计		桑基鱼塘			映照岭南桑基鱼塘阡陌交通的路桥与大小不等、形态各异的几何水体
	Berg Oase温泉屋		树林意象			以"山中绿洲"为意象将主体嵌入山腹，由钢架结构和玻璃照明系统组成外部"发光树"结构体
	丽江博物馆		雪山江流			山形＋地貌＝设计生成，山形轮廓化为屋顶剖面，三条屋脊代表三江并流，银白色屋面呼应雪山
	金陵美术馆		民居屋顶			利用屋顶元素，采用消隐策略，将大尺度的旧有厂房消融于周边肌理的小尺度文脉生活中

附表 2　文化角度的理念转化

理念	案例	原始形态（意象）		转化过程		最后结果
文化角度	铁轨上的城市		铁路轨道		将铁路与不同类型建筑结合成为新的移动建筑	
	瑞典维克 Sodra 网球中心设计		木材		主营木材的 Sodra 公司企业文化转化为木质结构及其象征木材节疤的表皮图案	
	嘉义故宫南院		传统书法		行云流水的书法转化为斜坡缠绕、流线扭转的建筑主体和垂直中庭	
	天津蓟县于庆成美术馆		泥塑		以"流形"不断运动变化的意象化为兼具拓扑、分形与拼形的流动空间形体	
	宁波博物馆		古船、山形		博物馆犹如扬帆起航的船，穿越历史成为宁波新的精神坐标	
	上海世博会中国国家馆		古冠、粮仓		主体造型雄浑有力，犹如华冠高耸，天下粮仓，以"东方之冠"表达中国文化的精神与气质	

附表 3　历史角度的理念转化

理念	案例	原始形态（意象）	转化过程		最后结果
历史角度	南京大屠杀纪念馆扩建		断刀		战争、杀戮、和平的理念贯穿设计，以埋入大地的"断刀"隐喻侵华失败，凸显战争主题
	良渚博物馆		良渚文化、院落式民居、"良渚"之意		以"一把良渚玉锥散落在大地上"的意象化为流水环绕的小渚上富有良渚玉器质感的博物馆
	陕西富平国际陶艺博物馆		陶罐		以当地传统陶艺与砖拱技术结合转化为粗犷又细腻的形体
	苗栗客家文化中心		客家土楼		土楼中庭转化为不规则环绕体量
	侵华日军第731部队罪证陈列馆		象征真相的容器—黑匣		"黑匣"在场地中坍塌、下陷、撕裂，仿佛大地被锋利的手术刀切割开来，形成永不磨灭的"殇痕"
	柏林犹太人博物馆		被压扁的六角星、未完成的歌剧、遇难者原址		犹太人遇害的历史路线与跳动的音符转化为建筑形体

附表 4　功能角度的理念转化

理念	案例	原始形态（意象）		转化过程	最后结果
功能角度	布鲁克林第一街 251 号公寓		梯田		梯田式的退台带来更多的户外空间与观景体验
	The Mountain 山之住宅		山坡台地		联排住宅安置在车库上如同隆起的混凝土小山，实现郊区生活与城市密度的共生
	House NA		树		以层叠平台构成树叶般的网状关联，营造全新的生活场景
	富士幼儿园		传统的多层幼儿园		以"屋顶上的房屋"为意象，以椭圆形塑造无界限体验
	钱江时代		古代院落式民居		将古代院落式城市平面意象转化为盒状立体形象

附表 5　技术角度的理念转化

理念	案例	原始形态（意象）		转化过程		最后结果
技术角度	知美术馆		水		以金属丝线悬挂瓦片，利用水元素衔接天、地，整个建筑宛若在水中央，达到天、地、水相融的境界	
	漂浮教堂		传统教堂		以精心堆叠上百层次的钢铁板营造玄幻通透的光影效果	
	HEY-SYS 六边体系装配式建筑		可拆卸重组的木构体系		平面形态可以用基本模块自由组合，立面材料则根据地区及项目需求来更换	
	FPT 理工楼		山势		以"大珠小珠落玉盘"的形态延展整个山势的立面，呈现出黑棋白子的自然方圆世界	
	Kontum Indochine Cafe		越南传统鱼篓		鱼篓化为用传统技巧编织而成的锥形竹柱，支撑屋顶的竹伞形状	
	富士山世界遗产中心		富士山的水中倒影		交错木条由榫卯结构相互穿插组合形成类似织物的表面和不规则圆锥体外观，映照休眠火山的形状	

参考文献

[1] 彭一刚 . 建筑空间组合论 [M]. 3 版 . 北京：中国建筑工业出版社，2008.

[2] 布拉恩·劳森 . 设计师怎样思考—解密设计 [M]. 北京：机械工业出版社，2008.

[3] 罗宾·威廉姆斯 . 写给大家看的设计书 [M]. 4 版 . 北京：人民邮电出版社，2016.

[4] 鲍家声 . 建筑设计教程 [M]. 北京：中国建筑工业出版社，2010.

[5] 托伯特·哈姆林 . 建筑形式美的原则 [M]. 北京：中国建筑工业出版社，1982.

[6] 豪·鲍克斯 . 像建筑师那样思考 [M]. 济南：山东画报出版社，2009.

[7] 褚冬竹 . 开始设计 [M]. 2 版 . 北京：机械工业出版社，2011.

[8] 田学哲，郭逊 . 建筑初步 [M]. 3 版 . 北京：中国建筑工业出版社，2010.

[9] 杨秉德 . 建筑设计方法概论 [M]. 北京：中国建筑工业出版社，2009.

[10] 黎志涛 . 建筑设计教与学 [M]. 北京：中国建筑工业出版社，2014.

[11] 贾倍思 . 型和现代主义 [M]. 北京：中国建筑工业出版社，2003.

[12] 宫宇地一彦 . 建筑设计的构思方法—拓展设计思路 [M]. 北京：中国建筑工业出版社，2006.

[13] 袁牧 . 建筑第一课—建筑学新生专业入门指南 [M]. 北京：中国建筑工业出版社，2011.

[14] 托马斯·史密特 . 建筑形式的逻辑概念 [M]. 北京：中国建筑工业出版社，2003.

[15] 褚智勇 . 建筑设计的材料语言 [M]. 北京：中国电力出版社，2006.

[16] 深圳市建筑设计研究总院 . 建筑设计技术手册 [M]. 北京：中国建筑工业出版社，2011.

[17] 中国建筑学会 . 建筑设计资料集 [M]. 3 版 . 北京：中国建筑工业出版社，2017.

[18] 程大锦 . 建筑：形式、空间和秩序 [M]. 2 版 . 北京：中国建筑工业出版社，2005.

[19] 沈福煦 . 建筑设计手法 [M]. 上海：同济大学出版社，1999.

[20] 张军杰 . 非常绿建—动态建筑 [M]. 南京：江苏凤凰科学技术出版社，2017.

[21] 顾大庆，柏庭卫 . 建筑设计入门 [M]. 北京：中国建筑工业出版社，2010.

后

记

作为曾经的建筑学专业的学生，最初我对建筑设计课程的学习也充满了困惑和迷茫。毕业后从事了十年的一线建筑师工作，再后来又是十几年的教学生涯，发现当时的困惑依然困扰着当前大部分学生。因此萌生一个心愿，希望能把自己对设计的理解写出来，给这些同学解点迷惑。

我们知道，掌握一门知识，需要先熟悉、理解基本的理论、方法，并经过大量练习。因此本书首先从思想、方法层面使学生明白设计是什么？应该怎么想和怎么做？并从基本能力要求方面指出具体行动方向。目的是使大部分学生尽快理解设计的过程和好的建筑设计应能达到的目标标准，并需要具备什么样的基本功，从而满足职业培养要求，毕竟这些学生都是以很高的分数进入本专业学习的。

但写作过程中才发现，试图把设计完全说清楚是多么不切实际，尤其是在形式、空间及如何指导实际操作方面更是如此。因为作者既不是一个出色的建筑师，也不是一个十分优秀的教师，没有也不具备高深的理论和高超的实践水平，只是有点工作、教学上的思考和理解。通过把这些思考和认识说出来，让遇到困惑的学生认识到建筑学专业的特殊性，看清一些问题并做好充分的思想准备，如果本书能有一点点这样的作用，也就算达到写作的初衷了。

虽然写的是一本小书，但也要付出很多心血。从章节构成到内容组织，再到案例的选择和收集，都要认真对待。这就需要一些研究生做些辅助工作，像姜文彦、任泳霖和高金峰等同学就在案例收集和文字校对、整理方面付出了很多辛勤劳动。但毕竟作者的能力、水平有限，加上时间原因，书籍整体上还有很多欠缺和不足。但世上没有完美之事，同时也幸亏建筑设计没有明确的对错标准，才能使我有勇气完成本书。

最后，感谢所有在书籍出版过程中提供支持和帮助的领导、同事和朋友，尤其是出版社的赵荣女士给予了很多鼓励和建议，真心希望大家共同的努力能带给同学们一些帮助。

张军杰